21 世纪高等院校教材

大数据技术与应用

主　编　余以胜

副主编　刘芷欣　丁慧鸽　张文君

科学出版社

北　京

内 容 简 介

本书在对大数据理论和技术进行系统、深入研究的基础上,首次将大数据技术方法和行业应用相结合,形成了基础技术篇(上篇)和行业应用篇(下篇)两个部分。其中上篇介绍了大数据的起源、思想、特点和价值,以及大数据关键技术、应用思路和应用关键问题;下篇分别对大数据产业链、大数据+工业行业、大数据+金融行业、大数据+零售行业、大数据+医疗行业、大数据+电信行业等多个典型应用行业进行了分析,最后提出中国大数据产业发展前景及趋势。

本书结构合理、内容丰富,具有较强的理论性、科学性、系统性和实用性。既可作为高等院校计算机科学、管理学、情报学等专业的参考书,也可供广大信息工作者、科研人员和管理人员阅读与使用。

图书在版编目(CIP)数据

大数据技术与应用 / 余以胜主编. —北京:科学出版社,2019.11
21世纪高等院校教材
ISBN 978-7-03-062405-5

Ⅰ. ①大… Ⅱ. ①余… Ⅲ. ①数据处理–高等学校–教材 Ⅳ. ①TP274

中国版本图书馆 CIP 数据核字(2019)第 210689 号

责任编辑:王京苏 / 责任校对:王丹妮
责任印制:张 伟 / 封面设计:蓝正设计

科学出版社 出版
北京东黄城根北街 16 号
邮政编码:100717
http://www.sciencep.com

北京凌奇印刷有限责任公司 印刷
科学出版社发行 各地新华书店经销
*

2019 年 11 月第 一 版 开本:787×1092 1/16
2023 年 8 月第五次印刷 印张:12 1/2
字数:300 000

定价:52.00 元
(如有印装质量问题,我社负责调换)

前　言

　　大数据（big data）或称巨量资料，是指所涉及的资料量规模巨大到无法通过目前的主流软件工具，在合理时间内撷取、管理、处理并整理成为帮助企业经营决策的资料。

　　随着移动互联网、移动终端和数据传感器的出现，数据正以超出人们想象的速度快速增长。近几年，数据量已经从太字节（tera byte，TB）级别跃升到拍字节（peta byte，PB）乃至泽字节（zetta byte，ZB）级别，2018 年全球数据总量达 19.4 ZB。目前全球数据的增长速度在每年 25%左右，以此推算，到 2020 年，全球的数据总量将达到 80 ZB。

　　同时大数据解决方案不断成熟，各领域大数据应用全面展开，为大数据发展带来强劲动力。2017 年全球大数据市场规模达到 721 亿美元，有行业专家预测 2017~2021 年大数据行业年均复合增长率约为 40.98%，2021 年全球大数据市场规模将达到 2840 亿美元左右。我国大数据处理技术虽处于发展的起步阶段，但各地发展大数据的积极性较高，行业应用得到快速推广，市场规模增速明显。2017 年中国大数据市场规模达到 324 亿元，未来几年，在广大现有和新兴细分市场中，大数据市场仍将呈现强劲的增长势头，预计到 2021 年，我国大数据市场规模将突破 900 亿元。

　　目前，中国的大数据主要应用于金融、医疗、电信、交通、物流、环保、旅游和电商等细分行业，2016 年，《国家发展改革委办公厅关于组织实施促进大数据发展重大工程的通知》印发后，国务院办公厅和国家各部委先后推出大数据发展意见和方案，大数据政策从全面、总体规划逐渐朝各大产业、各细分领域延伸，大数据产业发展也在逐步从理论研究走向实际应用之路。

余以胜

2019 年 1 月 10 日

目　录

上篇　基础技术篇

下篇　行业应用篇

上篇

基础技术篇

引　例

利用大数据打造精准农业

　　美国农业正在采用大数据和互联网方法提升农业生产的效率和效益，以 1%的农业人口维持庞大的农业生产体系，农产品不仅满足美国本土需要，而且大量出口。

　　罗德尼·席林（Rodney Schilling）是美国伊利诺伊州的一个农场主，他和父亲二人经营着 1300 英亩（1 英亩≈6.07 亩）田地。他的父亲已经 83 岁了，地里的活全靠席林自己上阵，即便在农忙时节，他也不用雇工，其最好的帮手是农场里的那几台农业机械。这些机器普遍高大，一台喷药机完全张开"臂膀"，翼展达 36 米。更重要的是，这些"大家伙"还很有"头脑"——驾驶室里配备的全球卫星导航系统和自动驾驶系统。即使在下田作业时，席林也远没有传统农民那么辛苦，只要他愿意，完全可以坐在驾驶座上，一边喝着咖啡，一边用平板电脑浏览新闻，机器会按照设定的路线工作，施肥、打药完全自动化，哪些地方打过，哪些地方没打，绝对不会弄混，导航系统上都显示得清清楚楚。

图引　数据辅助精准农业

　　在席林的平板电脑里，安装了气象数据软件。他把农场的坐标和相关信息通过软件上传，即可获得农场范围内的实时天气信息，如温度、湿度、风力、雨水等，这些信息可以帮助他判断每个地块的播种、收获、耕作时间。大数据让农民开始用移动设备管理农场，可以掌握实时的土壤湿度、环境温度和作物状况等信息，大幅度提高了管理的精确性。大多数时候，席林会把平板电脑带在身边，内置的 APP 软件会提醒他何时适宜下地查看，何时打药或施肥，以及提供实时的和未来几天的天气数据。

　　在美国，像席林这样"劳作"的农场主越来越多。农业生产模式正在从机械化向信息化转变，以精准为特征的农业，正在让种植变得更加容易。

第一章

大数据概述

第一节 大数据时代来临

自 20 世纪 80 年代以来，人们就开始尝试在网上进行交易。然而，由于互联网的匿名性与早期第三方监管的缺失，网上交易产生了许多投机行为。随着第三方惩罚机制和声誉机制的建立与完善，网上交易环境逐渐得到优化，越来越多的人愿意在互联网上进行交易事宜，交易所产生的网络数据也不再是人们上网环节产生的副产品。每天在互联网上所产生的交易数据已成为维系社会经济事业的关键纽带，一些业内人士看到了其中的商机，开始运用统计学工具对这些数据进行分析。随着社会的发展，人们的生活水平不断提高，数字化与信息化的普及，与工作生活相关的信息类型和规模都以前所未有的高速不断增长。根据 ZDNet（至顶网）发布的《数据中心 2013：硬件重构与软件定义》年度技术报告，仅在中国，2013 年所产生的数据总量就已超过 0.8 ZB（1 ZB=2^{30} TB），相当于 2009 年全球的数据总量。预计到 2020 年，中国所产生的数据总量将超过 8.5 ZB，相当于 2013 年的 10 倍。今天，大数据已深深地覆盖人类经济社会的各方各面，数据从一类简单的处理对象逐渐转变为一种基础资源，如何有效地对其进行开发与管理成为一个具有前瞻性的问题。

2012 年 8 月，美国总统大选正进行得如火如荼。出人意料的是，奥巴马总统的数据团队要求他去一家叫作 Reddit 的新闻网站回答问题。对许多人来讲，Reddit 是一个陌生的名字，总统的高级助手们也不例外。但是来自数据团队的回答却非常简单："因为我们需要动员的一些人，经常在 Reddit 上。"

这仅是选战过程中一件毫不起眼的数据决策案例。事实上，奥巴马的数据团队非常神秘、低调，但其触角又无处不在，他们被内部人士戏称为"核编码"。他们创建了单一的巨大系统，可以将民调专家、筹款人、选战一线员工、消费者数据库及从"摇摆州"民主党主要选民档案的社会化媒体联系人与手机联系人那里得到的所有数据都聚合到一块。这个组合起来的巨大数据不仅让竞选团队能够发现选民并获取他们的注意，还能让数据处理团队去做一些测试，看哪些类型的人有可能被某种特定的事情所打动或说服。

这个数据库在奥巴马总统大选的筹集资金、广告投放、活动安排等方面发挥了难以替代的作用。以筹集资金为例，在 2012 年 8 月，所有人都认为无法完成筹集 10 亿美元的目标。但是数据团队发现参与"快速捐献"计划的人，捐出的资金是其他捐献者的

4 倍。于是该计划被大规模推广，最终完成了筹集 10 亿美元的目标。

与其依赖于外部媒体顾问来决定广告应该在哪里出现，数据团队觉得不如将他们的购买决策建立在内部大数据库上。"我们可以通过一些真的很复杂的模型，精准定位选民。比如说，迈阿密戴德 35 岁以下的女性选民，如何定位？"一个官员说。结果是，竞选团队买了一些非传统类剧集（如《混乱之子》《行尸走肉》《23 号公寓的坏女孩》）之间的广告时间，而回避了和地方新闻挨着的广告时间。奥巴马团队 2012 年的广告购买效率比 2008 年高了多少呢？芝加哥方面有一个数字：电视广告效率提高了 14%。

数据团队每天晚上都运行 66 000 次选举，次日清晨，数据处理结果告诉竞选团队赢得这些州的机会在哪儿，从而合理调配资源。基于大数据的模拟竞选，可以推算出奥巴马在每个"摇摆州"的胜算，进而采取相对应的活动。

决策者们坐在一间密室里，一边抽雪茄，一边说："我们总是在《60 分钟》节目上投广告的时代已经结束。在政治领域，大数据的时代已经到来。"

第二节　什么是大数据

大数据是指无法在可承受的时间范围内用常规软件工具进行捕捉、管理和处理的数据集合。但这种定义并不够直观和严谨，大数据其实并不是一个新鲜事物，早在 20 世纪 80 年代伊始，被称为"最有影响力的未来学家"的阿尔文·托夫勒（Alvin Toffler）就指出，对大量数据的处理与分析将成为第三次浪潮中最精彩的篇章。最近几年大数据更频繁、更迅速地进入人们的视野，刷新着大众的互联网思维，虽然人们已经对大数据并不感到陌生，但是很少有人真正地探究过隐藏在大数据背后的神秘王国。

提及"大数据"这一概念，很多人只能从数据量上去模糊地感知，其实大数据离我们一点儿也不远。2015 年在亚马逊（Amazon）每秒会产生 72.9 笔购物订单，在 YouTube（优兔）每分钟上传的视频总时长达 20 小时，谷歌（Google）平均每天处理 24 PB 数据量，Facebook（脸谱网）用户超过 10 亿，每月上传近 75 亿张照片，每天生成近 300 TB 日志数据。文字成了数据，机械的物理状态成了数据，人们所处的地理位置成了数据，甚至人与人之间的互动信息也成了数据。据艾力·西格尔估计，全球人类每天都会增加 2.5 万亿字节的数据。

大数据的起源虽然要归功于互联网与电子商务，但大数据最大的应用前景却在传统产业。一是因为几乎所有传统产业都在互联网化，二是因为传统产业仍占据国内生产总值（gross domestic product，GDP）的绝大部分份额。作为传统产业，在互联网时代，应用大数据可以直接获取消费者对产品的反馈，与消费者有了真正意义上的互动沟通。在大数据时代，企业的核心还是在于做更好的产品，提供更好的用户体验。大数据在传统产业的应用其实就是"互联网＋"的一个重要组成部分，如何利用好大数据，对传统行业的升级转型以及管理营销都是一个巨大的机遇和挑战。

简单来讲，大数据需要有大量能互相连接的数据（不管是自己的还是购买、交换别人的），它们在一个大数据计算平台上（或者是能互通的各个数据节点上），有相同的数据标准能正确地关联 [如 ETL（extract-transform-load，抽取—转换—加载）数据标准]，通过大数据相关处理技术（如算法、引擎、机器学习），形成自动化、智能化的大数据产品或者业务，进而形成大数据采集、反馈的闭环，自动智能地指导人类的活动、工业制造、社会发展等。

一、大数据计算提高数据处理效率，增加人类认知盈余

大数据技术就像其他的技术革命一样，是从效率提升入手的。大数据技术平台的出现提升了数据处理效率，其效率是呈几何级数提升的，过去需要几天或更多时间处理的数据，现在可能在几分钟之内就会完成，大数据的高效计算能力，为人类节省了更多的时间。我们都知道效率提升是人类社会进步的典型标志，可以推断大数据技术将带领人类社会进入另外一个阶段。通过大数据计算节省下来的时间，人们可以去消费、娱乐和创造，未来大数据计算将释放人类社会巨大的产能，增加人类认知盈余，帮助人类更好地改造世界。

二、大数据通过全局的数据让人类了解事物背后的真相

相对于过去样本代替全体的统计方法，大数据将使用全局的数据，其统计出来的结果更为精确，更接近事物真相，帮助科学家了解事物背后的真相。大数据带来的统计结果将纠正过去人们对事物错误的认识，改变过去人类社会发展中已有的某些结论，并带来全新的认知，有利于政府、企业、科学家对过去人类社会的各种历史行为真正原因的了解。大数据统计将纠正样本统计误差，为统计结论不断纠错。

三、大数据有助于人类了解事物发展的客观规律，利于科学决策

大数据收集了全局和准确的数据，通过大数据可以了解事物发展过程中的真相，通过数据分析出人类社会的发展规律、自然界的发展规律。利用大数据提供的分析结果来归纳和演绎事物的发展规律，通过掌握事物发展规律来帮助人们进行科学决策，大数据时代的精准营销就是典型的应用。

四、大数据提供了同事物的连接，利于客观了解人类行为

在没有大数据之前，我们了解人类行为的数据往往来源于一些被动的调查表格及滞后的统计数据，拥有大数据技术之后，大量的传感器如手机 APP（application）、摄像头、分享的图片和视频等让我们更加客观地了解人类的行为。大数据技术连接了人类行为，通过大数据将人类的行为数据收集起来，经过一定的分析后来统计人类行为，可以帮助我们了解人类的行为。可以说大数据的一个重要作用就是将人类行为的数据进行收集分析，了解人类行为的特点，为数据价值的商业运用提供基础资产。

五、大数据改变过去的经验思维，帮助人们建立数据思维

人类社会的发展一直都在依赖着数据，如各国的文明演化、农业规划、工业发展、军事战役及政治事件等，尤其是大数据出现之后，我们将会面对着海量的数据，多种维度的数据，如行为的数据、情绪的数据、实时的数据。这些数据是过去没有被了解到的，通过大数据计算和分析技术，人们将会得到不同的事物真相、不同的事物发展规律。依靠大数据提供的数据分析报告，人们将会发现决定一件事、判断一件事、了解一件事不再变得困难。各国政府和企业将借助大数据来了解民众需求，抛弃过去的经验思维和惯性思维，掌握客观规律，跳出利用历史数据预测未来的困境。

第三节　大数据的起源

一、信息科技进步

如果把信息科技的不断进步看成世界万物持续数字化的过程，则会理出一条清晰的主线。信息科技具有三个最核心和基础的能力：信息处理、信息存储和信息传递，几十年来这三个能力的飞速进步，是人类科技史上最为激动人心的事情之一。

现代意义上计算机的发明，归功于军事上的需要。1946 年 2 月 14 日，由美国军方订制的世界上第一台电子计算机——"电子数字积分计算机"在美国宾夕法尼亚大学问世，主要是为了满足计算弹道需要而研制的。"电子计算机"的称谓的确名副其实，其最初的目的就是更迅速地进行大量数学运算。

数学一直是计算机学科的基础，尤其是离散数学，奠定了计算机学科的理论基础。人们把"计算机之父"的桂冠戴在两位数学家的头上，分别是艾伦·图灵和冯·诺依曼。迄今为止，人们都把图灵机作为现代智能类工具的鼻祖。美国计算机协会（Association of Computing Machinery，ACM）于 1966 年设立图灵奖，专门奖励那些对计算机科学研究与推动计算机技术发展有卓越贡献的杰出科学家。它被公认为计算机界的诺贝尔奖。以图灵的姓氏命名的图灵机是一个二进制计算的抽象理论模型，并不是计算机的工程设计。冯·诺依曼则被公认为现代计算机（工程实现）的鼻祖，他领导的小组提出了完善的计算机设计报告。

1965 年，戈登·摩尔（Gordon Moore）——英特尔（Intel）公司的创始人之一，准备了一个关于计算机存储器发展趋势的报告。在他开始绘制数据时，发现了一个惊人的趋势：每个新芯片大体上包含上一代芯片两倍的容量，每个芯片的产生都是在前一个芯片产生后的 18～24 个月内。如果这个趋势继续的话，计算机的计算能力相对于时间周期将呈指数式上升。简而言之，"芯片上可容纳的晶体管数目，每隔 18 个月左右便会增加一倍，性能也将提升一倍"。后来人们发现这不仅适用于对存储器芯片的描述，也精确地说明了计算能力和磁盘存储容量的发展，于是，摩尔定律成为许多工业进行性能预测的基础，主宰了信息产业的发展。

在摩尔定律的指引下，信息产业周期性地推出新的计算机，操作系统和计算能力均

不断提高。工业界和个人都不断地升级计算机设备，从而推动信息产业的迅速进步。每当英特尔公司开发出计算能力更强的芯片，微软公司就会适时推出功能更强大、操作更方便的操作系统。当人们采用了微软公司的新操作系统后，就会发现系统运行的速度变慢，不得不升级硬件设备。每当计算机产业发展放缓，硬件生产商就会翘首企盼微软公司新的操作系统，带动客户新一轮的升级换机热潮。这种循环持续上演了 40 余年。这段波澜壮阔的历史，使信息处理和储存能力获得成千上万倍的提升。

1977 年，世界上第一个光纤通信系统在美国芝加哥市投入商用，速率为 45 Mbit/s，自此，拉开了信息传输能力大幅跃升的序幕。有人甚至将光纤传输带宽的增长规律称为超摩尔定律，认为带宽的增长速度比芯片性能提升的速度还要快。

二、存储介质大幅降价

存储器（memory）是计算机系统中的记忆设备，用来存放程序和数据。计算机中的全部信息，包括输入的原始数据、计算机程序、中间运行结果和最终运行结果都保存在存储器中，它根据控制器指定的位置存入和取出信息。自世界上第一台计算机问世以来，计算机的存储器件也在不断地发展更新，从一开始的汞延迟线、磁带、磁鼓、磁芯，到现在的半导体存储器、磁盘、光盘、纳米存储等，无不体现着科学技术的快速发展。

事实上，存储的价格从 20 世纪 60 年代 1 万美元 1 MB，降到现在的 1 美分 1 GB 的水平，其价差高达亿倍。在线实时观看高清电影，在十几年前还是难以想象的，现在却已是习以为常。网络的接入方式也从有线连接向高速无线连接的方式转变。毫无疑问，网络带宽和大规模存储技术的高速持续发展，为大数据时代提供了廉价的存储和传输服务。

三、互联网诞生

互联网的出现，在科技史上可以比肩"火"与"电"的发明，这个伟大的发明同样是由军事目的驱动的。计算机在军方应用得越广泛，计算机上保存的军事机密就越多。人们担心如果保存重要军事机密数据的主要计算机被摧毁的话，很可能就会输掉整个战争，于是，推动计算机之间互相传递数据并互为备份的通信机制被提上日程。1969 年，美国国防部高级研究计划局（Advanced Research Projects Agency，ARPA）把分属于不同大学的 4 台计算机互相连接起来，组成了一个分组交换网 ARPANET（Advanced Research Projects Agency network，阿帕网）。一年后阿帕网扩大到 15 个节点，1973 年，阿帕网跨越大西洋利用卫星技术与英国、挪威实现连接，扩展到世界范围，这就是最早的互联网雏形。

互联网把每个人桌面上的计算机连接起来，改变了人们的生活，成为人们获取各类数据的首要渠道。通过互联网获取数据的模式可以被简单地抽象为"请求"加"响应"的模式，理解这种获取信息的方式，有助于理解大数据的价值。

四、网上的"脚印"

用收音机听广播，或者用电视机看电视节目，都是"广播"加"接收"的模式。不管有没有电视机在接收信号，广播塔总是在发送电视节目信号。随时打开电视机，随时就能收看电视节目。在"广播"加"接收"模式中，广播塔是不知道有谁在接收节目的，如图 1-1 所示。

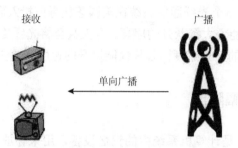

图 1-1 "广播"加"接收"模式

"请求"加"响应"模式则不同，如果客户端（所有接入互联网的设备、软件等）不主动要求，服务器端是不会发送任何数据的，如图 1-2 所示。互联网应用协议基本上都是这种模式。当然也有"广播"加"接收"模式的协议，但是不常用。每一次访问请求其实就是一次鼠标点击操作，服务器的日志中忠实地记录下了每个人访问的时间、请求的命令、访问的网址等数据。这些访问记录就像人们在雪地上行走留下的脚印一样，"脚印"连成一串，构成了人们在互联网上的"行为轨迹"。想一想猎人是怎样通过追踪脚印捕获猎物的，就会明白这些"轨迹"中蕴含着巨大的价值。所以各类服务器上的日志就是一种非常重要的大数据类型。

图 1-2 "请求"加"响应"模式

曾经有制衣公司想要调查顾客的购买意愿。需要统计顾客拿起了哪件衣服，试穿了哪件衣服，在专卖店逗留了多长时间。这就需要安装摄像头，要选样本，可能花费上亿元的资金，要想省钱的话其结果可能会失去参考价值，但如果在网上做同样的事情，成本就近乎为零。在淘宝网或者京东商城的主页上，每一个网页都相当于一家店铺，打开这个网页就等于进入了店铺；点击了衣服，相当于顾客拿起衣服仔细端详；把衣服放到收藏夹，可以理解为试穿；实体店中的顾客行为几乎被完整地映射到网页上。不同的是，互联网忠实地记录下顾客在"店"里停留的时间、关心的品类；此外，顾客和销售员的对话、顾客与顾客之间的对话，也被忠实地记录、保存。互联网企业做与那家制衣公司同样的调查，成本近乎为零。

因为互联网的内在机理，互联网成为大规模接近消费者、最理解消费者的工具和平台，互联网没有删除键，人们在互联网上的一言一行都被忠实地记录。古代皇帝身边总有一位兢兢业业的史官，随身携带纸笔，记下皇帝的起居作息、一言一行。互联网就像每个人的"史官"，它从不知疲倦、事不分大小，悉心而精准地记录着一切。事实上，这位"史官"记录的就是人们的数字化生活。

五、分布式存储技术

1959 年，美国计算机科学家克里斯托弗·斯特雷奇（Christopher Strachey）发表了一篇名为 *Time sharing in large fast computers*（大型高速计算机中的时间共享）的虚拟化论文，虚拟化是今天云计算基础架构的基石。

2004 年，谷歌发布分布式计算系统 Map Reduce 论文。云计算生态系统 Hadoop 就是谷歌集群系统的一个开源项目总称，主要由分布式存储系统 HDFS（Hadoop distributed file system，Hadoop 分布式文件系统）、分布式计算系统 Map Reduce 和分布式数据库 HBase 组成，其中 HDFS 是 Google file system（GFS）的开源实现；Map Reduce 是 Google Map Reduce 的开源实现；HBase 是 Google Big Table 的开源实现。

以谷歌 Map Reduce 为代表的分布式存储计算系统的出现，极大幅度地提升了计算能力同时降低了成本，使得人类获得的计算性能摆脱了硬件摩尔定律的限制，以恐怖的速度发展。

云计算再一次改变了数据的存储和访问方式。在云计算出现之前，数据大多分散保存在每个人的个人计算机中、每家企业的服务器中。云计算，尤其是公用云计算，把所有的数据集中存储到"数据中心"，即所谓的"云端"，用户可通过浏览器或者专用应用程序来访问。

一些大型的网站，通过提供基于"云"的服务，积累大量的数据，成为事实上的"数据中心"。数据是这些大型网站最为核心的资产。它们不惜花费高昂的费用、付出巨大的努力来保管这些数据，以便加快用户的访问速度。谷歌甚至购买了单独的水力发电站，为其庞大的数据中心提供充足的电力。一些公开资料显示，谷歌在全球分布着 36 个数据中心，图 1-3 所示为谷歌数据中心内一景。

图 1-3　谷歌数据中心内一景

近几年国内兴起了建设云计算基地的风潮，客观上为大数据的诞生准备了必备的储存空间和访问渠道。各大银行、电信运营商、大型互联网公司、政府各个部委都拥有各自的数据中心。银行、电信运营商、互联网公司绝大部分已经实现全国级的数据集中工作。

云计算是大数据诞生的前提和必要条件，没有云计算，就缺少了集中采集数据和存储数据的商业基础。云计算为大数据提供了存储空间和访问渠道，"没有大数据的云计算，就是房地产的代名词"（易欢欢），大数据则是云计算的灵魂和必然的升级方向。云计算确实可以称为一场信息技术领域内的革命，甚至对社会也必将产生革命性的影响，但是它却并不是一场技术革命，云计算在本质上是一场 IT（information technology，信息技术）产品/服务消费方式的变革，云计算中一个广为宣传的核心技术——虚拟化软件早在 20 世纪 60 年代就已经被应用在 IBM 的大型主机中了。

六、机器学习

机器学习（machine learning，ML）是一门多领域交叉学科，涉及概率论、统计学、逼近论、凸分析、算法复杂度理论等多门学科。其专门研究计算机怎样模拟或实现人类的学习行为，以获取新的知识或技能，重新组织已有的知识结构，使之不断改善自身的性能。

它是人工智能的核心，是使计算机具有智能的根本途径，其应用遍及人工智能的各个领域，它主要使用归纳、综合而不是演绎。

这样看机器学习似乎是一门很高深的学科，光是定义我们就看得云里雾里的。但是只要仔细看，我们就能发现，机器学习所需要的知识都是人类发展了很久的数学与计算机知识，也就是说机器学习是过去的计算机技术发展到一定时期的产物。

其实机器学习早在 20 世纪 60 年代就被提出，但是直到近年才兴起，原因就是当年计算机根本没有足够的运算量去实现机器学习的思想。但是云计算的出现解决了这个问题，因此机器学习也就终于能够在人类的历史舞台上成为其中一个主角。

在大数据时代的现在，全球最大视频网站上，每 60 秒就有超过 150 小时长度的视频上传，这已经远远超过人类可以处理的范围。因此，大数据时代的计算机除了要有充足的存储和计算能力，更重要的是有帮助我们找出视频关键和自动处理过去只有人类才能处理的事务的能力。云计算和机器学习是大数据能够产生价值的关键。

七、数据化的时代

（一）物联网

物联网（Internet of things，IoT）是另一个信息技术领域的热词，究其本质是传感器技术进步的产物。遍布大街小巷的摄像头，是人们可以直观感受到的一种物联网形态。事实上，传感器几乎无处不在，使用它可以监测大气的温度、压强、风力，监测桥梁、矿井的安全，监测飞机、汽车的行驶状态。一架军用战斗机上的传感器多达数千个。现在人们常用的智能手机中就包括重力感应器、加速度感应器、距离感应器、光线感应器、陀螺仪、电子罗盘、摄像头等各类传感器。这些不同类型的传感器，无时无刻不在产生大量的数据。其中的某些数据被持续地收集起来，成为大数据的重要来源之一。

（二）社交网络化

社交网络是互联网发展史上又一个重要的里程碑。它把人类真实的人际关系完美地映射到互联网空间，并借助互联网的特性而大大升华。广义地看，社交网络使得互联网甚至具备某些人类的特质，如"情绪"：人们分享各自的喜怒哀乐，并相互传染传播。社交网络为大数据带来一类最具活力的数据类型——人们的喜好和偏爱。更重要的是，人们还知道在社交网络中如何利用网民的关系链来传播这些喜好和偏爱。这就为研究消费者行为打开了另一扇方便之门。如果深入地分析社交网络就会发现，大型的社交网络平台事实上构成了以个人为枢纽的不同的数据的集合。借助"分享"按钮，人们在不同网站上的购物信息、浏览的网页都可以"分享"到社交网络上。想想前面提到的雪地上的脚印，社交网络把网民在不同网站上留下的"脚印"连接起来，形成完整的"行为轨迹"和"偏好链"。

更为重要的是，网络社交使得社交信息也数据化了，成为可以被计算机"读懂"并分析处理的对象。

（三）LBS 服务

LBS 服务（location based service，基于位置的服务）是通过电信移动运营商的无线电通信网络或外部定位方式获取移动终端用户的位置信息（地理坐标或大地坐标），在地理信息系统（geographic information system，GIS）平台的支持下，为用户提供相应服务的一种增值业务。

它包括两层含义：首先是确定移动设备或用户所在的地理位置；其次是提供与位置相关的各类信息服务，意指与定位相关的各类服务系统，简称"定位服务"系统，另外一种叫法为 MPS（mobile position services），也称"移动定位服务"系统。如找到手机用户的当前地理位置，然后在上海市 6340 平方千米范围内寻找手机用户当前位置处1000 米范围内的宾馆、影院、图书馆、加油站等的名称和地址。所以说 LBS 服务就是要借助互联网或无线网络，在固定用户或移动用户之间完成定位和服务两大功能。

LBS 服务除了能为人们提供很多以前做不到的功能，大大方便了人们的生活，更重要的是这些位置成为数据之后，不断累积会成为大数据的一个核心来源。位置数据的主要来源就是我们现在非常普遍的智能手机等便携智能终端。

（四）智能终端普及

古人只能用"大漠孤烟直，长河落日圆"等诗词歌赋来主观描述他们的所见所闻；我们则可以拿出手机、照相机、摄像机，再现美丽的风景，与亲朋好友分享。古人迷路时索性信马由缰不问归路；我们则可以拿出智能手机，使用导航软件找到目的地。

　　智能终端并不局限于个人应用，许多行业都已经开始大规模地应用终端产品。举一个"美丽"的例子，婚纱摄影行业：以前影楼需要租用大面积的、位置优良、租金高昂的门店，携带大型的、笨重的写真集，展示给准新娘用以挑选照片。但是如今利用智能终端，可以做出令人心醉神迷的实景效果，如 360° 旋转等特效。准新娘只需要一部智能终端，就可以全面地看到最终的拍摄效果，并利用其交互特性提高样片选择的精准度。

　　除了高效以外，以智能手机为代表的移动终端囊括以上诸如收集和存储位置信息、社交信息、用户信息的功能，还包括各种数据"脚印"。在大数据时代，智能终端普及催生了像小米这种以数据为根本赚钱的公司。

　　摩根斯坦利公司（Morgan Stanley）的 Katy Huberty 和 Ehud Gelblum 在 2012 年发布的一份趋势报告中指出，在 2011 年，智能手机加平板电脑的出货量已经超越台式机和传统笔记本电脑（图 1-4），并且在 2013 年第二季度，智能移动终端全球保有量也实现反超（图 1-5）。

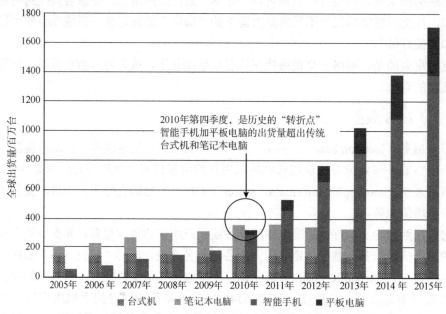

图 1-4　移动设备与传统台式机、笔记本电脑的全球出货量对比图

资料来源：Huberty K，Gelblum E. 2016 Morgan Stanley research. Data and Estimates as of 9/12

　　智能终端的普及给大数据带来了丰富、鲜活的数据。苹果公司 2012 年公布的一组运营数据，可以反映智能终端上人们的活跃程度。其中，iMessage 功能每秒为用户传递 28 000 条信息；iCloud（云服务）已经为用户提供了总计 1 亿多份的文档；Game Center 的账号创建数达到了 1.6 亿个；iOS 应用总数突破了 70 万个，支持 iPad 的应用则达到了 27.5 万个； App Store（苹果应用程序商店）用户下载量突破 350 亿次大关，通过分成付给应用开发商的总额已达 65 亿美元；iBooks 中的图书总数已

达 150 万册，下载量也超过了 4 亿次。

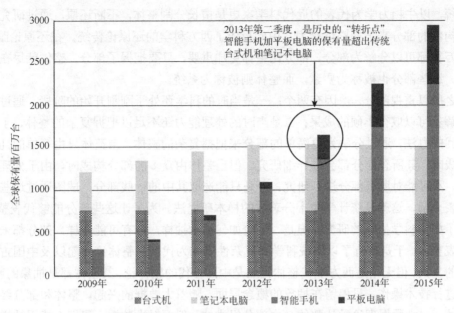

图 1-5　移动设备与传统台式机、笔记本电脑的全球保有量对比图

资料来源：Huberty K，Gelblum E. 2016 Morgan Stanley Research. Data and Estimates as of 9/12

（五）可穿戴设备

大数据的来源不仅指搜索引擎、社交媒体，那些输入数据的设备也是大数据应用的关键，只有在有了这些数据之后，我们才能够对这些数据有所控制。目前主要被重视的大数据，其主体仍然停留在传统的统计数字上，至多是在移动互联网的参与下，对人们的位置、时间消费数据有了更精确的记载，而这种数据实在算不上新鲜。可穿戴设备通过传感器不仅能够采集人体包括体温、心跳等各项健康数据，甚至能够捕捉神经元的兴奋，从而在一定程度上识别人的情绪。在可穿戴设备的参与下，数据的来源被大大拓展。如果说加入电子计算机使大数据变得更加聪明，那么可穿戴设备无疑将使大数据耳聪目明。这足以成为当代大数据与大数据雏形的另一大差别。

从以上分析可以看到，大数据并非一种全新的技术，只是计算机和互联网等技术发展到当今阶段的时代特征。它并不神秘，它带来的改变更多的是随着现在社交数据、位置数据、身体数据、智能终端数据等我们身边一切的数据化的观念上的变化。

第四节　大数据的思想

一、整体性

整体性即用整体的眼光看待一切，由原来时时处处强调部分到如今强调"一个都不能少"，不能只有精英，而其他只能"被代表"。西方科学从古希腊开始就有寻找"始基"①
的传统，以牛顿力学为代表的近代科学家更是擅长分割整体，不断还原，通过研究作为
基本构件的部分来把握整体行为，由此形成了西方科学的还原论传统。在还原论眼中，
万事万物都可以分解为部分，部分比整体更加重要，只要把握了部分，整体就尽在掌握
之中。这些部分也被称为要素，而整体则被称为系统。

之所以重视部分，原因有两个：一是当时的科学还处于刚刚开始的阶段，通过简单
的分解就可以取得丰硕的成果；二是当时的处理能力还不足以把握复杂的整体，于是采
取迂回的办法，通过分解为更简单的部分来把握复杂的整体。当整体只由简单的几个部
分组成时，其所有部分都会被详细研究。但当整体由众多的部分构成时，由于处理能力
所限，不可能对所有部分进行研究，于是只能选取其中的一些部分，试图通过这些部分
来代表全部，这就是统计学中十分著名的样本研究法。为了让这些部分能够代表整体，
就有了如何科学抽样的研究。但是，无论如何科学抽样，都有可能走样，部分都未必能
够代表整体。于是就有了以系统科学和复杂性研究为代表的整体论兴起以及中国古代整
体论的复兴。但无论是西方现代整体论还是中国古代的整体论，其整体都是抽象的整体，
无法进行技术操作，只停留在抽象的概念层面。随着大数据的兴起，整体和部分终于走
向了统一。大数据理论承认整体是由部分组成的，但面对大数据，我们不能用抽样的方
法只研究少量的部分，而让其他众多的部分"被代表"。在大数据研究中，我们不再进
行随机抽样，而是对全体数据进行研究。正如维克托所说："要分析与某事物相关的所
有数据，而不是依靠分析少量的数据样本。""当数据处理技术已经发生翻天覆地的变化
时，在大数据时代进行抽样分析就像在汽车时代骑马一样。一切都改变了，我们需要的
是所有的数据，'样本=总体'。"大数据技术将整体论的"整体"落到了实处，整体不再
是抽象的整体，而是可以进行具体操作的整体，而且能够真正体现整体的行为。在大数
据时代，不再有"被代表"，整体真正体现了全部，反映了所有的细节。

二、多样性

多样性即承认世界的多样性和差异性，由原来的典型性和标准化到如今的"怎样都
行"，一切都有存在的理由，真正做到"存在的就是合理的"。在小数据时代，人们获取
数据和处理数据都不是那么容易，因此要求每个数据都必须精确和符合要求，或者说按
照某个格式或标准来采集统一结构标准的数据。例如，我们的手机号码、身份证号码都
是统一格式的，在人口普查、经济普查等各种普查中，都严格要求按照标准化的格式登
记和填写。一旦产生非标准的数据就会当作无用数据而被排除。在计算机的数据结构中，
这些标准化的数据叫作结构化数据。然而，在大数据时代，随时随地都在产生各类数据，
而且这些数据五花八门，没有统一要求或标准。按大数据的视野来看，这些数据虽然没
有标准化，但依然是宝贵的资源，无论是标准的还是非标准的数据都有其存在的理由。

---

① 胡万年，胡长兵. 2003. 古希腊哲学中"始基"的物质性阐释及其启示. 江南大学学报（人文社会科学版）（4）：
15-18.

"我们乐于接受数据的纷繁复杂，而不再追求精确性。"科学哲学家费耶尔阿本德认为，在科学方法上应该提倡无政府主义，没有标准，"怎么都行"。大数据真正体现了这种科学方法论，也体现了德国哲学家的思想：凡存在的都是合理的，这些数据既然产生并已经存在，就有其存在的理由，就有其合理性。大数据时代真正体现了百花齐放的多样性，而不再是小数据时代单调乏味的统一性。

三、平等性

平等性即各种数据具有同等的重要性，由原来的金字塔式结构变成"平起平坐"的平等结构，强调了民主和平等。任何系统都有其组成结构，组成系统的各种要素按照某种结构组织起来而形成系统。在还原论的影响下，小数据时代的科学技术特别强调系统的层次结构，钟情于金字塔式的、不平等的等级结构，由此来强调系统要素之间的不平等性。在等级结构中，我们可以像剥洋葱一样层层剥离，通过层层还原来不断揭示出要素之间的关系，并强调金字塔顶的基础作用及上下级的领导关系。在大数据的海量数据中，所有的数据更多的是处于平等关系，因此，不会特别突出某些数据的关键作用。在大数据时代，群众成了真正的英雄，而不再过分强调精英和英雄的突出地位。

四、开放性

开放性即一切数据都对外开放，没有数据特权，从原来的单位利益、个人利益变为全民共享。封闭导致混沌和腐败，开放则带来有序和生机。由于处理能力的限制，以往的科学在对研究对象进行研究时，都要把对象与环境隔离开来，就像牛顿力学在做力学分析时那样，这种分离、封闭的方法也深深地影响了我们的思维方式。在社会生活中，我们也是把社会划分为不同的部门或利益共同体，整个社会就由大大小小诸多的部门或利益共同体构成。为了自身的利益，各利益共同体都各自为政，不愿意把信息对外公布和分享。当然，在以往的社会，即使想跟大众分享，也没有实现分享的技术途径。在大数据时代，互联网、云技术等信息技术为我们提供了便捷的共享手段。遍地可见的电脑、智能手机、摄像头以及其他诸多的信息采集设备和存储设备将海量数据置于公共空间，为公众共享信息提供了基础。因此，大数据时代是一个开放的时代，一切都被置于"第三只眼"中，分享、共享成了共识，传统的小集团利益被打破，社会成了一个透明、公开的社会。这也符合大众的期望，因为大众就希望通过公开透明来消除因封闭、封锁而导致的腐败，通过开放、共享带来社会经济的勃勃生机。

五、相关性

相关性即关注数据间的关联关系，从原来凡事皆要追问"为什么"到现在只关注"是什么"，相关比因果更重要，因果性不再被摆在首位。西方科学传统中，因果性是各门学科关注的核心，古希腊哲学家所谓的本源问题其实就是因果关系问题，物理、化学、生物等学科得到的所谓规律无非就是各种因果关系而已。在传统科学中，由于科学工具和处理能力所限，只能寻找和处理简单的几个量之间的线性关系。因为每个数据得来不易，所以几乎没有冗余数据，每个量总能找到其前因后果，因而形成一个长长的因果关系链。但是，在大数据时代，数据量特别巨大，几乎都是海量，要找出所有量与量之间的因果关系几乎是不可能的，因此，只好把它们封装起来作为一个黑箱，我们只关注这个黑箱的宏观行为，不甚关注其内部机制。我们通过比对来发现数据之间的相关关系，找到宏观行为中显著相关的数据之间的变化关系。由于这些相关数据之间在黑箱内经过了十分复杂的相互作用，不再是小数据时代简单、直接的线性因果关系，而是复杂、间接的非线性因果关系，因此大数据时代的相关关系比因果关系更重要。正如维克托所说："我们的思想发生了转变，不再探求难以捉摸的因果关系，转而关注事物的相关关系。"因此，大数据时代打破了小数据时代的因果思维模式，带来了新的关联思维模式。

六、生长性

生长性即数据随时间不断动态变化，从原来的固化在某一时间点的静态数据到现在随时随地采集的动态数据，在线地反映当下的动态和行为，随着时间的演进，系统也走向动态、适应。在小数据时代，采集的数据都是某个时间点的静态数据，如传统的人口普查，必须规定在某时点开始普查，经历一段时间到某个时点结束，然后用较长的时间来处理得来的静态数据。这些静态的人口数据不能及时反映出每时每刻人口生生死死的动态变化，而是具有很长的时滞性，因此不能反映人口的实际状况。在大数据时代，由于基本上可以做到在线采集数据，并能够迅速处理和反映当下的状态，因此能够反映出实际的状态。大数据时代的最大特点就是采用各种智能数据采集设备，随时随地采集各种即时数据，并通过网络及时传输，通过云存储或云计算进行即时处理，基本上不会滞后。此外，由于大数据时代采集、存储、传输、处理、使用数据的便捷性，因此，我们可以做到不断更新数据。这些随时间流不断更新的数据正好反映了数据随时间的动态演化过程，这个过程构成了一幅动态演化全景图。这种动态演化图景正好反映了数据的生长性。此外，系统可以根据即时的动态信息来随时调整系统的行为，从而体现出系统的适应性。

第五节　大数据的特点

大数据的英文"big data"可以恰如其分地刻画出其自身庞大的数据规模，但是光是大量并不足以描述大数据。对于大量的数据，计算机学界还有一个词语——大量数据（massive data）来描述它。从前面的叙述中我们知道，大数据是时代发展到现在这个阶段的产物，光是大量这个特点是无法很好地定义它的，除了从数据量上对大数据进行认识，我们还需要从大数据的特征对其进行全面理解。

通俗地说，大数据的特点可以概括为4V（volume，variety，velocity，veracity）：其中，volume（大量的）指代传统的技术已无法处理的庞大数据量，如一座大型城市在一年时间内所产生的数十亿条智能电表数据，利用传统的方法甚至难以清晰地进行明细记录；variety（多样化的）指的是大数据中不仅有传统的结构化数据，而且有非结构化、半结构化数据；velocity（高速增长的）指数量众多的设备所产生的实时数据量十分庞大，数据总量呈指数级增长，需要利用先进的技术手段才能及时对其进行记录与存储；veracity（真实的）指单条数据的价值虽然并不大，而当数据量达到庞大的规模时，就能从中分析出有价值信息，如企业利用客户消费的各种数据，分析出不同客户群体的消费意向发展趋势，对企业来说就是十分有价值的商业情报。

2001 年，Gartner（高德纳）分析员道格·莱尼在一份与其 2001 年的研究相关的演讲中指出，数据增长有三个方向的挑战和机遇：量，即数据多少；速，即资料输入、输出的速度；类，即多样性。

在莱尼的理论基础上，IBM 提出大数据的 4V 特点得到了业界的广泛认可。第一，数量，即数据巨大，从 TB 级别跃升到 PB 级别；第二，多样性，即数据类型繁多，不仅包括传统的格式化数据，还包括来自互联网的网络日志、视频、图片、地理位置信息等；第三，速度，即处理速度快；第四，真实性，即追求高质量的数据。

虽然不同学者、不同研究机构对大数据的定义不尽相同，但都广泛提及了这四个基本特点。

一、大容量

据马海祥了解，天文学和基因学是最早产生人数据变革的领域，2000 年，斯隆数字巡天项目启动时，位于新墨西哥州的望远镜，在短短几周内收集到的数据已经比天文学历史上总共收集的数据还要多；在智利的大型视场全景巡天望远镜于 2016 年投入使用，其在 5 天之内收集到的信息量就相当于前者 10 年的信息档案。

2003 年，人类第一次破译人体基因密码时，用了 10 年才完成 30 亿对碱基对的排序；而在 10 年之后，世界范围内的基因仪 15 分钟就可以完成同样的工作量。伴随着各种随身设备、物联网和云计算、云存储等技术的发展，人和物的所有轨迹都可以被记录，数据因此被大量生产出来。

移动互联网的核心网络节点是人，不再是网页，人人都成为数据制造者，短信、微博、照片、录像都是其数据产品。数据来自无数自动化传感器、自动记录设施、生产监测、环境监测、交通监测、安防监测等，来自自动流程记录，刷卡机、收款机、电子不停车收费系统，互联网点击、电话拨号等设施及各种办事流程登记等。

大量自动或人工产生的数据通过互联网聚集到特定地点，包括电信运营商、互联网运营商、政府、银行、商场、企业、交通枢纽等机构，形成了大数据之海。我们周围到底有多少数据？数据量的增长速度有多快？许多人试图测量出一个确切的数字。2011年，马丁·希尔伯特和普里西利亚·洛佩兹在《科学》上发表了一篇文章，对 1986～2007年人类所创造、存储和传播的一切信息数量进行了追踪计算。其研究范围大约涵盖 60种模拟和数字技术：书籍、图画、信件、电子邮件、照片、音乐、视频（模拟和数字）、电子游戏、电话、汽车导航等。

据估算：2007年，人类大约存储了超过300 EB的数据；1986～2007年，全球数据存储能力每年提高23%，双向通信能力每年提高28%，通用计算能力每年提高58%；预计到2020年，世界上存储的数据能达到约80 ZB。

这样大的数据量意味着什么？

据估算，如果把这些数据全部记在书中，这些书可以覆盖整个美国52次。如果存储在只读光盘上，这些光盘可以堆成5堆，每堆都可以伸到月球。

在公元前3世纪，希腊时代最著名的图书馆亚历山大图书馆竭力收集了当时其所能收集到的书写作品，可以代表当时世界上其所能收集到的知识量。但当数字数据洪流席卷世界之后，每个人都可以获得大量数据信息，相当于当时亚历山大图书馆存储的数据总量的320倍之多。

二、多样性

随着传感器、智能设备及社交协作技术的飞速发展，组织中的数据也变得更加复杂，因为它不仅包含传统的关系型数据，还包含来自网页、互联网日志文件（包括点击流数据）、搜索索引、社交媒体论坛、电子邮件、文档、主动和被动系统的传感器数据等原始、半结构化和非结构化数据。

在大数据时代，数据格式变得越来越多样，涵盖文本、音频、图片、视频、模拟信号等不同的类型；数据来源也越来越多样，不仅产生于组织内部运作的各个环节，也来自组织外部。例如，在交通领域，北京市交通智能化分析平台数据来自路网摄像头/传感器、公交、轨道交通、出租车以及省际客运、旅游、化危运输、停车、租车等运输行业，还有问卷调查和地理信息系统数据。2013年，4万辆浮动车每天产生2000万条记录，交通卡刷卡记录每天1900万条，手机定位数据每天1800万条，出租车运营数据每天100万条，电子停车收费系统数据每天50万条，定期调查覆盖8万户家庭，等等，这些数据在数量和速度上都达到了大数据的规模。

发掘这些形态各异、快慢不一的数据流之间的相关性，是大数据应用的优势。

大数据不仅是处理巨量数据的利器，更为处理不同来源、不同格式的多元化数据提供了可能。例如，为了使计算机能够理解人的意图，人类就必须将需解决的问题的思路、方法和手段通过计算机能够理解的形式告诉计算机，使得计算机能够根据人的指令一步一步工作，完成某种特定的任务。

以往，人们只能通过编程这种规范化计算机语言发出指令，随着自然语言处理技术的发展，人们可以用计算机处理自然语言，实现人与计算机之间基于文本和语音的有效通信。为此，还出现了专门提供结构化语言解决方案的组织——语言数据公司。

自然语言无疑是一个新的数据来源，而且也是一种更复杂、更多样的数据，它包含诸如省略、指代、更正、重复、强调、倒序等大量的语言现象，还包括噪声、含混不清、口头语和音变等语音现象。

苹果公司在iPhone（苹果手机）上应用的一项语音控制功能Siri（苹果语音助手）就是多样化数据处理的代表。用户可以通过语音、文字输入等方式与Siri对话交流，并调用手机自带的各项应用，读短信、询问天气、设置闹钟、安排日程，乃至搜寻餐厅、电影院等生活信息，收看相关评论，甚至直接订位、订票，Siri 则会依据用户默认的家庭地址或是所在位置判断、过滤搜寻的结果。

为了让 Siri 足够聪明，苹果公司引入谷歌、维基百科等外部数据源，在语音识别和语音合成方面，未来版本的 Siri 或许可以让我们听到中国各地的方言，如四川话、湖南话和河南话。

多样化的数据来源正是大数据的威力所在，如交通状况与其他领域的数据都存在较强的关联性。马海祥博客收集的数据研究发现，可以从供水系统数据中发现早晨洗澡的高峰时段，加上一个偏移量（通常是 40～45 分钟）就能估算出交通早高峰时段；同样可以从电网数据中统计出傍晚办公楼集中关灯的时间，加上偏移量估算出晚上的堵车时段。

三、快速度

在数据处理速度方面，有一个著名的"1 秒定律"，即要在秒级时间范围内给出分析结果，超出这个时间，数据就将失去价值。

例如，IBM 有一则广告，讲的是"1 秒，能做什么"。1 秒，能检测出台湾的铁道故障并发布预警；也能发现得克萨斯州的电力中断，避免电网瘫痪；还能帮助一家全球性金融公司锁定行业欺诈，保障客户利益。

在商业领域，"快"也早已贯穿企业运营、管理和决策智能化的每一个环节，形形色色描述"快"的新兴词汇出现在商业数据语境里，如实时、快如闪电、光速、念动的瞬间、价值送达时间。

中国英特尔物联技术研究院首席工程师吴甘沙认为，快速度是大数据处理技术和传统的数据挖掘技术最大的区别。大数据是一种以实时数据处理、实时结果导向为特征的解决方案，它的"快"有以下两个层面。

一是数据产生得快。有的数据是爆发式产生，如欧洲核子研究中心的大型强子对撞机在工作状态下每秒产生 PB 级的数据；有的数据是涓涓细流式产生，但是由于用户众多，短时间内产生的数据量依然非常庞大，如点击流、日志、射频识别数据、GPS（global positioning system）位置信息。

二是数据处理得快。正如水处理系统可以从水库调出水进行处理，也可以处理直接对涌进来的新水流，大数据也有批处理（"静止数据"转变为"正使用数据"）和流处理（"动态数据"转变为"正使用数据"）两种范式，以实现快速的数据处理。

为什么要"快"？第一，时间就是金钱。如果说价值是分子，那么时间就是分母，分母越小，单位价值就越大。面临同样大的数据"矿山"，"挖矿"效率是竞争优势。第二，像其他商品一样，数据的价值会折旧，等量数据在不同时间点的价值不等。NewSQL（新的可扩展性/高性能数据库）的先行者 VoltDB（内存数据库）发明了一个叫作"数据连续统一体"的概念：数据存在于一个连续的时间轴上，每个数据项都有它的年龄，不同年龄的数据有不同的价值取向，新产生的数据更具有个体价值，产生时间较为久远的数据集合起来更能发挥价值。第三，数据跟新闻一样具有时效性。很多传感器的数据产生几秒之后就失去意义了。美国国家海洋和大气管理局（National Oceanic and Atmospheric Administration，NOAA）的超级计算机能够在日本地震后 9 分钟计算出海啸的可能性，但 9 分钟的延迟对于瞬间被海浪吞噬的生命来说还是太长了。

越来越多的数据挖掘趋于前端化，即提前感知预测并直接为服务对象提供其所需要的个性化服务。例如，对绝大多数商品来说，找到顾客"触点"的最佳时机并非在结账以后，而是在顾客还提着篮子逛街时。

电子商务网站从点击流、浏览历史和行为（如放入购物车）中实时发现顾客的即时购买意图和兴趣，并据此推送商品，这就是"快"的价值[①]。

四、真实性

在以上三项特点的基础上，本书归纳总结了大数据的第四个特点——真实性。数据的重要性就在于对决策的支持，数据的规模并不能决定其能否为决策提供帮助，数据的真实性和质量才是获得真知与思路最重要的因素，是制定成功决策最坚实的基础。

追求高数据质量是一项重要的大数据要求和挑战，即使最优秀的数据清理方法也无法消除某些数据固有的不可预测性，如人的感情和诚实性、天气形势、经济因素以及未来。在处理这些类型的数据时，数据清理无法修正这种不确定性，然而，尽管存在不确定性，数据仍然包含宝贵的信息。我们必须承认、接受大数据的不确定性，并确定如何充分利用这一点。例如，采取数据融合，即通过结合多个可靠性较低的来源创建更准确、更有用的数据点，或者通过模糊逻辑方法等先进数学方法来优化数据质量。

业界还有人把大数据的基本特点从 4V 扩展到了 11V，包括 value（价值密度低）、visualization（可视化）、validity（有效性）等。例如，价值密度低是指随着物联网的广泛应用，信息感知无处不在，信息海量，但在连续不间断的视频监控过程中，可能有用的数据仅一两秒。如何通过强大的机器算法更迅速地完成数据的价值"提纯"，是大数据时代亟待解决的难题。

国际数据公司报告里有一句话，概括出了大数据基本特征之间的关系：大数据技术通过使用高速的采集、发现或分析，从超大容量的多样数据中经济地提取价值。除了上述主流的定义，还有人使用 3S 或 3I 描述大数据的特征。3S 指的是 size（大小）、speed（速度）和 structure（结构）。3I 指以下几点。

（1）定义不明确的（indeterminate）。多个主流的大数据定义都强调需要超越传统方法处理数据的规模，而随着技术的进步，数据分析的效率不断提高，符合大数据定义的数据规模也会相应不断变大，因而并没有一个明确的标准。

（2）令人生畏的（intimidating）。从管理大数据到使用正确的工具获取它的价值，利用大数据的过程中充满了各种挑战。

（3）即时的（immediate）。数据的价值会随着时间快速衰减，因此为了保证大数据的可控性，因此为了保证大数据的可用性，需要缩短数据收集和分析的时间，使得大

---

① 具体可查看马海祥博客《浅谈大数据时代的大数据技术与应用》的相关介绍。

数据成为真正可用的"即时大数据"，这意味着能尽快地分析数据对获得竞争优势至关重要。

当庞大的数据量难以用统计学的方法进行处理时，就必须借助数据挖掘、云计算等更先进的技术与方法对其进行处理。

第六节　大数据的价值

大数据的发展，不断产生思维方式的变革和创新，随着技术手段的进步，人们探索世界的理念与方式也开始转变。大数据直接分析 PB 级数据，不再依赖于随机采样；大数据处理不再过分追求个体数据的精确性，预测成为重点；大数据处理不再过分关注因果，更加重视数据集合的相关性。

一是"重全体，轻抽样"。抽样是信息缺乏时代的产物，现在人们有能力对全样本数据进行处理，对所有数据进行分析可以避免抽样分析因样本的偏差过大而导致的失误。

二是"重全局，轻精确"。接受数据的纷繁复杂，降低对精确性的要求。如果不接受非精确性，剩下 75%以上的非结构化数据都无法被利用，当局限在人类可以分析和能够确定的数据上时，人们对世界的整体理解就可能产生偏差和错误。

三是"重关系，轻因果"。统计算法能够发现事物之间的关系，但无法建立因果关系的理论假设。随着信息的规模化与复杂化，人们无法为复杂事物逐一建立理论假设再去验证，只能依靠机器的统计算法挖掘事物的相关关系，然后提炼理论。大数据的变革意义不仅是技术层面的，更深远的影响在于它启发了人类的新思维。

大数据时代在技术进步的同时，也会引起商业变革和管理创新。在社会服务领域，大数据正在快速推动政府社会管理模式的创新，提升公众服务能力；在生产、制造、服务等领域，大数据推动运行效率的提升，实现经济内涵式增长；在科学研究领域，大数据促进多学科进步及新型数据科学发展，产生以数据集计算为核心的新兴科学研究模式创新。

一、大数据有助挖掘市场机会

大数据能够帮助企业分析大量数据从而进一步挖掘市场机会和细分市场，然后对每个群体量体裁衣般地采取独特的行动。获得好的产品概念和创意，关键在于我们到底如何去收集消费者相关的信息，如何获得趋势，挖掘出人们头脑中未来可能消费的产品概念。用创新的方法解构消费者的生活方式，剖析消费者的生活密码，才能让吻合消费者未来生活方式的产品研发不再成为问题。如果你了解了消费者的生活密码，就知道其潜藏在背后的真正需求。大数据分析是发现新客户群体、确定最优供应商、创新产品、理解销售季节性等问题的最好方法。

在数字革命的背景下，对企业营销者的挑战是从如何找到企业产品需求的人到如何找到这些人在不同时间和空间中的需求；从过去以单一或分散的方式去形成和这群人的沟通信息与沟通方式，到现在如何和这群人即时沟通、即时响应、即时解决他们的需求，同时在产品和消费者的买卖关系以外，建立更深层次的伙伴间的互信、双赢和可信赖的关系。

对大数据进行高密度分析，能够明显提升企业数据的准确性和及时性，帮助企业进一步挖掘细分市场的机会，最终缩短企业产品研发时间，提升企业在商业模式、产品和服务上的创新力，大幅提升企业的商业决策水平。因此，大数据有利于企业发掘和开拓新的市场机会；有利于企业将各种资源合理利用到目标市场；有利于制订精准的经销策略；有利于调整市场的营销策略，大大降低企业经营的风险。

企业利用用户在互联网上的访问行为偏好能为每个用户勾勒出一幅"数字剪影"，为具有相似特征的用户组提供精确服务，满足用户需求，甚至为每个用户量身定制。这一变革将大大缩减企业产品与最终用户的沟通成本。例如，一家航空公司对从未乘过飞机的人很感兴趣（细分标准是顾客的体验）。而从未乘过飞机的人又可以细分为害怕乘飞机的人、对乘飞机无所谓的人及对乘飞机持肯定态度的人（细分标准是态度）。在持肯定态度的人中，又包括高收入有能力乘飞机的人（细分标准是收入能力）。于是这家航空公司就把力量集中在开拓那些对乘飞机持肯定态度，只是还没有乘过飞机的高收入群体。通过对这些人进行量身定制，精准营销取得了很好的效果。

二、大数据有助提高决策能力

当前，企业管理者还是更多地依赖个人经验和直觉做决策，而不是基于数据。在信息有限、获取成本高昂，而且没有被数字化的时代，让身居高位的人做决策是情有可原的，但是大数据时代，就必须让数据说话。

大数据能够有效地帮助各个行业用户做出更为准确的商业决策，从而实现更大的商业价值，它从诞生开始就是站在决策的角度出发。虽然不同行业的业务不同，所产生的数据及其所支撑的管理形态也千差万别，但从数据的获取、数据的整合、数据的加工、数据的综合应用、数据的服务和推广、数据处理的生命线流程来分析，所有行业的模式都是一致的。

这种基于大数据决策的特点：一是量变到质变，由于数据被广泛挖掘，决策所依据的信息完整性越来越高，根据信息进行的理性决策在迅速扩大，"拍脑袋"的盲目决策在急剧缩小。二是决策技术含量、知识含量大幅度提高。由于云计算出现，人类没有被海量数据所淹没，能够高效率驾驭海量数据，生产有价值的决策信息。三是大数据决策催生了很多过去难以想象的重大解决方案。例如，某些药物的疗效和毒副作用无法通过技术和简单样本验证，需要几十年海量病历数据分析得出结果；做宏观经济计量模型，需要获得所有企业、居民及政府的决策和行为海量数据，才能得出减税政策的最佳方案。

如果在不同行业的业务和管理层之间增加数据资源体系，通过数据资源体系的数据加工，把今天的数据和历史数据对接，把现在的数据和领导与企业机构关心的指标关联起来，把面向业务的数据转换成面向管理的数据，辅助于领导层的决策，真正实现从数据到知识的转变，这样的数据资源体系是非常适合管理和决策使用的。

宏观层面，大数据使经济决策部门可以更敏锐地把握经济走向，制定并实施科学的经济政策；而在微观层面，大数据可以提高企业经营决策的水平和效率，推动创新，给企业、行业领域带来价值。

三、大数据有助创新管理模式

当下，有多少企业还会要求员工像士兵一样无条件服从上级的指示，还在通过大量的中层管理者来承担管理下属和传递信息的职责，还在禁止员工之间谈论薪酬等信息？《华尔街日报》曾有一篇文章就说：No。这一切已经过时了，严格控制、内部猜测和小道消息无疑会降低企业效率。一个管理学者曾经将企业内部关系比喻为成本和消耗中心，如果内部都难以协作或者有效降低管理成本和消耗，你又如何指望在今天瞬息万变的市场和竞争环境下生存、创新和发展呢？

在大数据移动网络环境下，在购物、教育、医疗都体现个性化的时代，创新已经成为企业的生命之源，我们还有什么理由要求企业员工遵循工业时代的规则，强调那种命令式集中管理、封闭的层级体系和决策体制？当个体的人都可以通过佩戴各种传感器，收集各种来自身体的信号来判断健康状态，那么企业也同样需要配备这样的传感系统，来实时判断其健康状态的变化情况。

今天信息时代机器的性能，更多决定于芯片，电脑的存储和处理能力，程序的有效性。因而管理从注重系统大小、完善和配合，到注重人，或者脑力的运用，信息流程和创造性，以及员工个性满足、创造力的激发。

在企业管理的核心因素中，大数据技术与其高度契合。管理最核心的因素之一是信息收集与传递，而大数据的内涵和实质在于大数据内部信息的关联、挖掘，由此发现新知识、创造新价值。两者在这一特征上具有高度契合性，甚至可以称大数据就是企业管理的又一种工具。因为对于任何企业，信息即财富，从企业战略着眼，利用大数据，充分发挥其辅助决策的潜力，可以更好地服务企业发展战略。

大数据时代，数据在各行各业渗透着，并渐渐成为企业的战略资产。数据分析挖掘不仅能帮企业降低成本，如库存或物流，改善产品和决策流程，寻找到并更好地维护客户，还可以通过挖掘业务流程各环节的中间数据和结果数据，发现流程中的瓶颈因素，找到改善流程效率、降低成本的关键点，从而优化流程、提高服务水平。大数据成果在各相关部门传递分享，还可以提高整个管理链条和产业链条的投入回报率。

四、大数据有助变革商业模式

在大数据时代，以利用数据价值为核心，新型商业模式正在不断涌现。能够把握市场机遇、迅速实现大数据商业模式创新的企业，将在 IT 发展史上书写出新的传奇。

大数据让企业能够创造新产品和服务，改善现有产品和服务，以及发明全新的业务模式。回顾 IT 历史，似乎每一轮 IT 概念和技术的变革，都伴随着新商业模式的产生。例如，个人电脑时代微软公司凭借操作系统获取了巨大财富，互联网时代谷歌抓住了互联网广告的机遇，移动互联网时代苹果公司则通过终端产品的销售和应用商店获取了高额利润。

纵观国内，以金融业务模式为例，阿里金融基于海量的客户信用数据和行为数据，建立了网络数据模型和一套信用体系，打破了传统的金融模式，使贷款不再需要抵押品和担保，仅依赖于数据，企业便能够迅速获得所需要的资金。阿里金融的大数据应用和业务创新，变革了传统的商业模式，给传统银行业带来了挑战。

大数据技术可以有效地帮助企业整合、挖掘、分析其所掌握的庞大数据信息，构建系统化的数据体系，从而完善企业自身的结构和管理机制；同时，伴随消费者个性化需求的增长，大数据在各个领域的应用开始逐步显现，已经开始并正在改变着大多数企业的发展途径及商业模式。例如，大数据可以完善基于柔性制造技术的个性化定制生产路径，推动制造业企业的升级改造；依托大数据技术可以建立现代物流体系，其效率远超传统物流企业；利用大数据技术可多维度评价企业信用，提高金融业资金使用率，改变传统金融企业的运营模式；等等。

过去，小企业想把商品卖到国外要经过国内出口商、国外进口商、批发商、商场，最终才能到达用户手中；而现在，通过大数据平台可以直接从工厂送达用户手中，交易成本只是过去的1/10。以我们熟悉的网购平台淘宝为例，每天有数以万计的交易在淘宝上进行，与此同时相应的交易时间、商品价格、购买数量会被记录，更重要的是，这些信息可以与买方和卖方的年龄、性别、地址，甚至兴趣爱好等个人特征信息相匹配。运用匹配的数据，淘宝可以进行更优化的店铺排名和用户推荐；商家可以根据以往的销售信息和淘宝指数指导产品供应、生产与设计，使经营活动成本和收益实现可视化，大大降低了风险，赚取了更多的钱；而与此同时，更多的消费者也能以更优惠的价格买到更心仪的产品。

维克托曾预言，2020年大数据时代就会真正来临。在那个时候，最经常用到的应用就是个性化生活所需要的，尤其是智能手机的应用。

五、大数据有助于为用户提供个性化服务

对个体而言，大数据可以为个人提供个性化的医疗服务。例如，我们的身体功能可能会通过手机、移动网络进行监控，一旦有什么感染，或者身体有什么不适，我们就可以通过手机得到警示，接着信息会通过手机和专家进行对接，从而使病人获得正确的用药和其他治疗。

过去我们去看病，医生只能对我们当下的身体情况做出判断，而在大数据的帮助下，将来的诊疗可以对一个患者的累计历史数据进行分析，并结合遗传变异、对特定疾病的易感性和对特殊药物的反应等关系，实现个性化的医疗，还可以在患者出现疾病症状前，提供早期的检测和诊断。例如，早期发现和治疗可以显著降低肺癌给家庭造成的负担，因为早期的手术费用是后期治疗费用的一半。

在传统的教育模式下，考试分数就是一切，一个班上几十个人，使用同样的教材，同一个老师上课，课后布置同样的作业。然而，学生是千差万别的，在这个模式下，不可能真正做到因材施教。

如一个学生考了 90 分，这个分数仅是一个数字，它能代表什么呢？90 分背后是家庭背景、努力程度、学习态度、智力水平等，把它们和 90 分联系在一起，就成了数据。大数据因其数据来源的广度，有能力去关注每一个个体学生的微观表现，如他在什么时候开始看书，在什么样的讲课方式下效果最好，在什么时候学习什么科目效果最好，在不同类型的题目上停留多久，等等。当然，这些数据对其他个体都没有意义，是高度个性化表现特征的体现。同时，这些数据的产生完全是过程性的：课堂的过程，作业的情况，师生或同学的互动情景，等等。而最有价值的是，这些数据完全是在学生不自知的情况下被观察、收集的，只需要一定的观测技术与设备的辅助，而不影响学生任何的日常学习与生活，因此，它的采集也非常的自然、真实。

在大数据的支持下，教育将呈现另外的特征：弹性学制、个性化辅导、社区和家庭学习、每个人的成功等。大数据支撑下的教育，就是要根据每个人的特点，释放每个人本来就有的学习能力和天分。

政府以前提供财政补贴，现在可以提供数据库，打造创意服务。在美国就有完全基于政府提供的数据库，如为企业提供机场、高速公路的数据，提供航班可能发生延误的概率，这种服务可以帮助个人、消费者更好地预测行程，这种类型的创新，就得益于公共的大数据。

六、大数据有助智慧城市发展

美国作为全球大数据领域的先行者，在运用大数据手段提升社会治理水平、维护社会和谐稳定方面已先行实践并取得显著成效。

近年来，在国内，智慧城市建设也在如火如荼地开展。截至 2015 年底，我国的国家智慧城市试点已达 290 个，而公开宣布建设智慧城市的城市超过 400 个。智慧城市的概念包含智能安防、智能电网、智慧交通、智慧医疗、智慧环保等多领域的应用，而这些都要依托于大数据，可以说大数据是"智慧"的源泉。

在治安领域，大数据已用于信息的监控管理与实时分析、犯罪模式分析与犯罪趋势预测。北京、临沂等市已经开始实践利用大数据技术进行研判分析，打击犯罪。

在交通领域，大数据可通过对公交地铁刷卡、停车收费站、视频摄像头等信息的收集，分析预测出行交通规律，指导公交线路的设计、调整车辆派遣密度，进行车流指挥控制，及时做到梳理拥堵，合理缓解城市交通负担。

在医疗领域，部分省、自治区、直辖市正在实施病历档案的数字化，配合临床医疗数据与病人体征数据的收集分析，可以用于远程诊疗、医疗研发，甚至可以结合保险数据分析用于商业及公共政策制定等。

伴随着智慧城市建设的火热进行，政府大数据应用已进入实质性的建设阶段，有效拉动了大数据的市场需求，带动了当地大数据产业的发展，大数据在各个领域的应用价值已得到初显。

通过以上这些行业典型的大数据应用案例和场景，不难得出大数据典型的核心价值。大数据是看待现实的新角度，不仅改变了市场营销、生产制造，同时也改变了商业模式。数据本身就是价值来源，这也就意味着新的商业机会，没有哪一个行业能对大数据产生免疫能力，适应大数据才能在这场变革中继续生存下去。

当下，正处于数据大爆发的时代，如何获取这些数据并对这些数据进行有效分析就显得尤为重要。各种企业机构之间的竞争非常残酷。如何基于以往的运行数据对未来的运行模式进行预测，从而提前进行准备或者加以利用、调整，对很多企业机构其实是一种生死存亡的问题。这样一种情况同样适用于国家级别。正因为这一点，目前无论是企业级别还是国家级别都开始研究、部署大数据。

可见，大数据应用已经凸显巨大的商业价值，触角已经延伸到零售、金融、教育、医疗、体育、制造、影视、政务等各行各业。你可能会问这些具体价值实现的推动者有哪些呢？就是所谓的大数据综合服务提供商，从实践情况看，主要包括大数据解决方案提供商、大数据处理服务提供商和数据资源提供商三个角色，分别向大数据的应用者提供大数据解决方案、大数据处理服务和数据资源。

未来大数据还将彻底改变人类的思考模式、生活习惯和商业法则，将引发社会发展的深刻变革，同时也是未来最重要的国家战略之一。

第七节　大数据市场发展现状

一、中国大数据产业发展历程

我国大数据发展起步晚、发展速度快，大数据产业发展历程如图 1-6 所示。

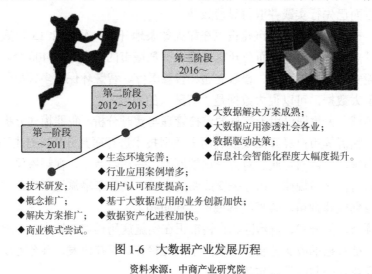

图 1-6　大数据产业发展历程

资料来源：中商产业研究院

二、中国大数据市场规模分析

我国大数据仍处于起步发展阶段，各地发展大数据积极性较高，行业应用得到快速推广，市场规模增速明显。《2016 年中国大数据发展调查报告》显示，2015 年中国大数

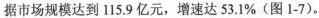

据市场规模达到 115.9 亿元，增速达 53.1%（图 1-7）。

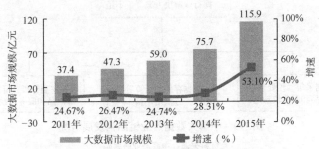

图 1-7 2011～2015 年中国大数据市场规模增长趋势

资料来源：《2015 年中国大数据发展调查报告》、中商产业研究院

三、中国大数据市场结构分析

（一）初步形成三角形供给结构

我国大数据市场的供给结构初步形成，并与全球市场相似，呈现三角形结构，即以百度公司、阿里巴巴网络技术有限公司、腾讯计算机系统有限公司为代表的互联网企业，以华为技术有限公司、浪潮集团有限公司、用友软件股份有限公司、联想集团、中科曙光等为代表的传统 IT 厂商，以亿赞普（北京）科技有限公司、拓尔思信息技术有限公司、九次方大数据、北京海量数据技术股份有限公司等为代表的大数据企业。如图 1-8 所示。

（二）产业链结构发展不均衡

我国在大数据产业链高端环节缺少成熟的产品和服务。向海量数据的存储和计算服务较多，而前端环节数据采集和预处理、后端环节数据挖掘分析和可视化及大数据整体解决方案等产品和服务匮乏。中国大数据产业链结构发展情况如图 1-9 所示。

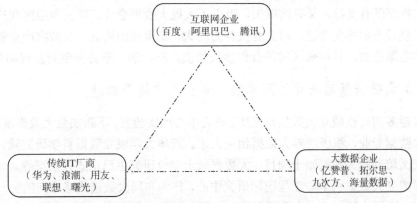

图 1-8 中国大数据市场供给结构

资料来源：中商产业研究院

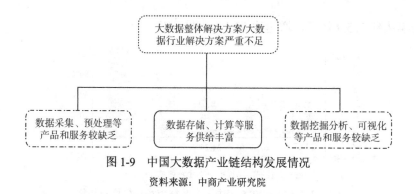

图 1-9　中国大数据产业链结构发展情况

资料来源：中商产业研究院

四、中国大数据市场特点分析

（一）互联网企业表现强势，国外企业进入我国市场

百度、阿里巴巴、腾讯、京东等互联网企业抓紧布局大数据领域，纷纷推出大数据产品和服务，抢占数据资源。传统 IT 企业开始尝试涉足大数据领域，其产品和服务多是基于原有业务开展，未能撼动互联网公司的领先地位。初创企业受限于数据资源和商业模式，还要面对互联网企业的并购行为，竞争实力尚显不足。我国大数据领域的产业供给远小于市场需求，且已经出现的产品和服务在思路、内容、应用、效果等方面差异化程度不高，加之缺乏成熟的商业模式，导致大数据市场竞争不够充分。在国内企业考虑如何提升服务能力的时候，国外企业已经悄然进入我国市场，未来，国内大数据市场竞争格局将会发生重大转变。

（二）区域产业聚集现雏形，合作协同发展成常态

我国大数据产业集聚发展效应开始显现，出现京津冀区域、长三角地区、珠三角地区和中西部 4 个集聚发展区，各具发展特色。北京依托中关村科技园在信息产业的领先优势，快速集聚和培育了一批大数据企业，继而迅速将集聚势能扩散到津冀地区，形成京津冀大数据走廊格局。长三角地区城市将大数据与当地智慧城市、云计算发展紧密结合，使大数据既有支撑，又有的放矢，吸引了大批大数据企业。珠三角地区在产业管理和应用发展等方面率先垂范，对企业扶持力度大，集聚效应明显。大数据产业链上下游企业合作意愿强烈，各集聚区间的合作步伐加快，产、学、研协同创新发展初见成效。

（三）大数据基础研究受到重视，专业人才培养加速

越来越多的高校成立大数据研究所、研究中心或实验室，不断加强大数据基础研究，并设立大数据专业，积极培养大数据相关人才。清华大学成立数据科学研究院，并推出多学科交叉培养的大数据硕士项目，大数据硕士学位研究生已正式开始培养。北京航空航天大学成立大数据科学与工程国际研究中心，作为布局大数据战略方向的另一重要举措，并创办了国内第一个"大数据科学与应用"软件工程硕士专业。华东师范大学成立云计算与大数据研究中心，厦门大学成立大数据挖掘研究中心并出版《大数据技术基础》教材，广西大学成立复杂性科学与大数据技术研究所，等等。

第八节　全球大数据产业发展分析

一、全球数据量产生规模分析

近几年，数据量已经从 TB 级别跃升到 PB、EB 乃至 ZB 级别。

IDC（International Data Corporation，国际数据公司）的报告称，2013 年全球数据总量 4.4 ZB，2014 年全球数据总量 6.2 ZB，2015 年全球数据总量在 8.6 ZB 左右（图 1-10）。2019 年，全球数据的增长速度在每年 50%左右，若是以此计算，那么 2020 年的时候，全球的数据总量将达到 80 ZB。

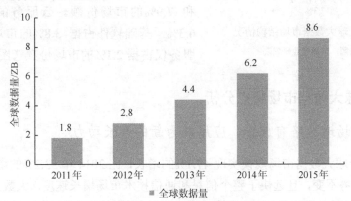

图 1-10　2011～2015 年全球数据量增长趋势

资料来源：IDC、中商产业研究院

二、全球大数据市场规模分析

大数据解决方案不断成熟，各领域大数据应用全面展开，为大数据发展带来强劲动力。2015 年全球大数据市场规模达到 421 亿美元，同比增长 47.7%（图 1-11）。

图 1-11　2011～2016 年全球大数据市场规模增长趋势

资料来源：Wikibon、中商产业研究院

三、全球大数据市场结构分析

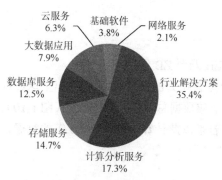

图 1-12   全球大数据市场结构情况

资料来源：中商产业研究院

全球大数据市场结构从垄断竞争向完全竞争格局演化。企业数量迅速增多，产品和服务的差异度增大，技术门槛逐步降低，市场竞争越发激烈。全球大数据市场中，行业解决方案、计算分析服务、存储服务、数据库服务和大数据应用为市场份额排名最靠前的细分市场，分别占据 35.4%、17.3%、14.7%、12.5% 和 7.9% 的市场份额。云服务的市场份额为 6.3%，基础软件占据 3.8% 的市场份额，网络服务仅占据 2.1% 的市场份额（图 1-12）。

四、全球大数据市场特点分析

（一）市场增速略有放缓，应用成为新的增长动力

2015 年全球大数据市场规模实现 47.7% 的增长，比 2014 年 53.2% 的增速略有回落，但快速增长态势不变，且远快于整个信息和通信技术市场增长速度。大数据作为新兴领域，已经进入应用发展阶段，基础设施建设带来的规模性高速增长出现逐步放缓的趋势，技术创新和商业模式创新推动各行业应用逐步成熟，应用创造的价值在市场规模中的比重日益增大，并成为新的增长动力。

（二）竞争态势愈加激烈，融资并购成为市场热点

全球新增大数据创业企业和开展大数据业务的企业数量急剧增加，产品和服务数量也随之增长，但还没有占据绝对主导地位的企业。市场结构趋向完全竞争，企业间竞争变得更加激烈，变化仍将持续。谷歌、亚马逊、Facebook 等互联网企业龙头和甲骨文（Oracle）、IBM、微软公司等传统 IT 巨头，通过投资并购的方式不断加强大数据领域布局，初步形成贯穿大数据产业链的业务闭环，并在各行业拓展应用。

（三）区域发展尚不均衡，信息化基础和数据资源是关键

全球大数据发展显现两极分化的态势。欧美等发达国家和地区拥有先发优势，处于产业发展领导地位，中国、日本、韩国、澳大利亚、新加坡等国家分别发挥各自在数据资源、行业应用、技术积累、政策扶持等方面的优势，紧紧跟随，并在个别领域处于领先。其他多数国家的大数据发展相对缓慢，还停留在概念炒作和基础设施建设阶段。在开源技术的支撑下，技术已不是大数据发展的最大障碍，信息化基础和数据资源成为一个国家与地区大数据发展的关键要素。

（四）产业生态不断优化，基础设施建设更加合理

Hadoop、Spark、Storm 等开源技术得到更广泛的认可和应用，大数据技术生态圈形成。同时，各国政府、企业和产业组织非常重视大数据产业生态建立与环境优化，不断地通过建设基础设施，制定法律法规、政策体系和数据标准，加强数据安全和隐私保护等方法完善大数据生态环境，进而提升国家对数据资源的掌控能力和核心竞争力。美国、日本、韩国、澳大利亚等国家加强数据中心、宽带网络、无线网络、大数据研发中心和实验基地等基础设施建设。其中，美国政府为了提高数据中心的效率和推广大数据，将全国的数据中心进行整合，2015 年，联邦数据中心数量从 2094 个减少到 1132 个，减少近 46%。

第二章

大数据关键技术分析

第一节 大数据核心技术应用

大数据是多个学科发展的产物，其涉及的学科内容非常多，主要包括统计学、数学理论模型、R 语言与 Python、数据库技术及 Hadoop 体系的大数据专用技术体系。根据实际应用场景还必须掌握具体应用场景的学科内容，如在电子商务的营销领域必须学会网页分析，在电力领域必须懂得电能的转换基础，等等。具体来说，大数据应用分析流程包括以下几个方面。

一、数据采集

数据采集在于真正揭示数据的原始面貌，包括数据产生的时间、条件、格式、内容、长度和限制条件等，这会帮助数据分析师更有针对性地控制数据生产和采集过程，避免由违反数据采集规则导致的数据问题，同时，对数据采集逻辑的认识可以增加数据分析师对数据的理解程度，尤其是数据中的异常变化，如以下几个方面。

（1）Omniture 中的 Prop 变量长度只有 100 个字符，在数据采集部署过程中就不能把含有大量中文描述的文字赋值给 Prop 变量（超过的字符会被截断）。

（2）在 Webtrekk323 之前的 Pixel 版本，单条信息默认最多只能发送不超过 2 kB 的数据。当页面含有过多变量或变量长度超出限定的情况下，在保持数据收集的需求下，通常的解决方案是采用多个 sendinfo 方法分条发送；而在 Webtrekk 325 之后的 Pixel 版本，单条信息默认最多可以发送 7 kB 数据量，非常方便地解决了代码部署中单条信息过载的问题。

（3）当用户在离线状态下使用 APP 时，数据无法联网而发出，导致正常时间内的数据统计分析延迟，直到该设备下次联网时，数据才能被发出并归入当时的时间，这就导致不同时间看相同历史时间的数据时会发生数据出入。

在数据采集阶段，数据分析师需要更多地了解数据生产和采集过程中的异常情况，如此才能更好地追本溯源，另外，这也能很大程度上避免"垃圾数据进导致垃圾数据出"的问题。

典型技术：爬虫技术。

二、数据存储

无论数据是存储于云端还是本地，数据的存储都有多种形式，例如，①数据存储系统是 MySQL、Oracle、SQL Server 还是其他系统；②数据仓库结构及各库表如何关联，星型、雪花型还是其他；③生产数据库接收数据时是否有一定规则，如只接收特定类型字段；④生产数据库面对异常值如何处理，强制转换、留空还是返回错误；⑤生产数据库及数据仓库系统如何存储数据，名称、含义、类型、长度、精度、是否可为空、是否唯一，字符编码、约束条件规则是什么；⑥接触到的数据是原始数据还是 ETL 后的数据，ETL 规则是什么；⑦数据仓库数据的更新机制是什么，全量更新还是增量更新；⑧不同数据库和库表之间的同步规则是什么，哪些因素会造成数据差异，如何处理差异。

数据分析师需要了解数据存储内部的工作机制和流程，最核心的因素是在原始数据基础上经过哪些加工处理，最后得到了怎样的数据。数据在存储阶段是不断动态变化和迭代更新的，其及时性、完整性、有效性、一致性、准确性很多时候由于软硬件、内外部环境问题无法保证，这些都会导致后期数据应用问题。

典型技术：　Hadoop，分布式程序设计（如 Apache Pig 或 Hive），分布式文件系统（如 GFS），多种存储模型，主要包含文档、图、键值、时间序列这几种存储模型（如 BigTable、Apollo、DynamoDB 等）。

三、数据提取

数据提取是将数据取出的过程，数据提取的核心环节是从哪取、何时取、如何取。

（1）从哪取，数据来源——不同的数据源得到的数据结果未必一致。

（2）何时取，提取时间——不同时间取出来的数据结果未必一致。

（3）如何取，提取规则——不同提取规则下的数据结果很难一致。

在数据提取阶段，数据分析师首先需要具备数据提取能力。常用的 Select From 语句是 SQL 查询和提取的必备技能，但即使是简单的提取数据工作也有不同层次。第一层是从单个数据库中按条件提取数据的能力，where 是基本的条件语句；第二层是掌握跨库表提取数据的能力，不同的 join 有不同的用法；第三层是优化 SQL 语句，通过优化嵌套、筛选的逻辑层次和遍历次数等，减少个人时间浪费和系统资源消耗。数据分析师其次要具备理解业务需求的能力，如业务需要"销售额"这个字段，相关字段至少有产品销售额和产品订单金额，其中的差别在于是否含优惠券、运费等折扣和费用，包含该因素即是订单金额，否则就是产品单价×数量的产品销售额。

典型技术：MapReduce，Sqoop。

四、数据清洗

在信息爆炸的时代，数据规模庞大且增长速度极快，想要在大数据堆中整合或者总结出规律或者趋势，就需要对数据进行处理。数据清洗是指发现并纠正数据文件中可识别的错误的最后一道程序，包括检查数据一致性、完整性、唯一性、权威性、合法性等。

数据清洗原理是利用有关技术如数理统计、数据挖掘或预定义的清理规则将脏数据转化为满足数据质量要求的数据。

常用的数据清洗手段主要包括纠正错误、删除重复项、统一规格、修正逻辑、转换构造、数据压缩、补足残缺/空值、丢弃数据/变量。

典型技术：DataWrangler，Google Refine，佳数 rightdata，数据清理网。

五、数据挖掘

数据挖掘是面对海量数据时进行数据价值提炼的关键，以下是算法选择的基本原则。

（1）没有最好的算法，只有最适合的算法，算法选择的原则是兼具准确性、可操作性、可理解性和可应用性。

（2）没有一种算法能解决所有问题，但精通一门算法可以解决很多问题。

（3）挖掘算法最难的是算法调优，同一种算法在不同场景下的参数设定相同，实践是获得调优经验的重要途径。

在数据挖掘阶段，数据分析师要掌握数据挖掘相关能力。一是数据挖掘、统计学、数学基本原理和常识；二是熟练使用一门数据挖掘工具，Clementine、SAS 或 R 语言都是可选项，如果是程序员出身也可以选择编程实现；三是需要了解常用的数据挖掘算法以及每种算法的应用场景和优劣差异点。

典型技术：MapReduce，Storm，Spark。

六、数据可视化

数据可视化是如何把数据观点展示给业务的过程，数据展现除遵循各公司统一规范原则外，具体形式还要根据实际需求和场景而定。其基本素质要求有以下几方面。

（1）工具。PPT（Microsoft Office PowerPoint）、Excel（Microsoft Excel）、Word（Microsoft Office Word）甚至邮件都是不错的展现工具，任意一个工具用好都很强大。

（2）形式。图文并茂的形式更易于理解，生动、有趣、互动、讲故事都是加分项。

（3）原则。领导层喜欢读图、看趋势、要结论，执行层喜欢看数、读文字、看过程。

（4）场景。大型会议 PPT 最合适，汇报说明 Word 最实用，数据较多时 Excel 更方便。

（5）价值。数据展现永远辅助于数据内容，有价值的数据报告才是关键。

Hadoop 体系的工具：Visual.ly，Processing，Leaflet；R 语言。

七、数据分析

数据分析相对于数据挖掘更多的是偏向业务应用和解读，当数据挖掘算法得出结论后，如何解释算法在结果、可信度、显著程度等方面对于业务的实际意义，以及如何将挖掘结果反馈到业务操作过程中以便于业务理解和实施是关键。

典型技术：Matlab，Spss，Mahout。

第二节　大数据分析技术

可用于大数据分析的关键技术主要包括 A/B 测试、关联规则挖掘、分类、数据聚类、众包、数据融合和集成、数据挖掘、集成学习、遗传算法、机器学习、自然语言处理、神经网络、神经分析、优化、模式识别、预测模型、回归、情绪分析、空间分析、统计、监督式学习、无监督式学习、模拟、时间序列分析、时间序列预测模型等（表 2-1）。

表 2-1　大数据分析的关键技术一览表

名称	定义	示例	备注
A/B 测试	也称为分离测试或水桶测试。通过对比测试群体，确定哪种方案能提高目标变量的技术	确定何种标题、布局、图像或颜色可以提高电子商务网站的转化率	大数据可以使大量的测试被执行和分析，保证这个群体有足够的规模来检测控制组和治疗组之间有意义的区别
关联规则挖掘	发现大数据仓库中变量之间的关系的一组技术。这些技术包含多种算法来生成和测试可能的规则	市场购物篮分析，零售商可以确定哪些产品是经常一起销售的，并利用这些信息进行营销	典型的例子就是发现很多超市的顾客在买尿布的同时也会买啤酒
分类	在已确定分类的基础上，识别新的数据点属于哪种类别的一组技术	对特定客户行为的预测（如购买决策、流失率、消费率等），有一个明确的假设或客观的结果	这些技术被经常描述为监督式学习，因为有一个训练集的存在，它们与聚类分析形成对比，聚类分析是一类无监督式学习
数据聚类	划分对象的统计学方法，将不同的集群划分成有相似属性的小群体，而这些相似属性是预先未知的	—	是一种没有使用训练数据的无监督式学习
众包	用来收集数据的技术，这些数据是由大规模群体或组织公开征集，通过网络媒体提交的	—	这是一种大规模协作和使用 Web 2.0 的一个实例
数据融合和集成	集成和分析多个来源数据的技术，比分析单一来源数据能获得更高效、更精确的结果	从网络采集的数据经过整合对复杂的分发系统的表现，如炼油	将来自社会媒体的数据，经过自然语言处理，可以结合实时的销售数据，以确定营销行为对顾客的情绪和购买行为的影响
数据挖掘	结合数据库管理的统计和机器学习方法从大数据集提取模式的技术。包括关联规则学习、聚类分析、分类和回归	挖掘客户数据以确定最可能获得订单的客户群，挖掘人力资源数据以识别最能干的员工，或用市场购物篮分析来模拟客户的购买行为	—
集成学习	通过多个预测模型（均通过使用统计数据或机器学习开发），以取得比任何成分模型都好的预测效果	—	一种监督式学习
遗传算法	通过模拟自然进化或适者生存过程搜索最优解的技术	改善作业调度、优化投资组合等	作为进化算法的一种类型，这些算法非常适合求解非线性问题
机器学习	有关设计和开发算法的计算机科学（曾被称为"人工智能"），允许电脑基于经验数据进化	自然语言处理	机器学习最主要的一个研究重点是自动学会识别复杂的模式，并基于数据做出明确的决定

续表

名称	定义	示例	备注
自然语言处理	使用计算机算法来分析自然语言的一组技术	使用社交媒体的情绪分析,以判断潜在客户对一个品牌活动的反应	大多数自然语言处理技术是机器学习的一类
神经网络	通过生物神经网络的结构和运作(脑细胞和内连接)的启发发现数据模式的计算模型	识别高价值客户离开公司的风险以及识别欺诈性保险理赔	神经网络非常适用于发现非线性模型。它可用来做模式识别和优化。一些神经网络的应用涉及监督式学习和无监督式学习
神经分析	用来描述图中或网络中的离散节点关系的技术	识别最有影响力的营销目标,或识别企业信息流的瓶颈	在社会网络分析中,群体或组织中单个个体之间的关系
优化	用来重新设计复杂的系统和流程,依据一个或多个目标措施(如成本、速度或可靠性)来改善其表现的数值方法组合	改善业务流程,如调度、路由和地板格局,并做出决策,如产品范围策略、挂钩投资分析和研发组合策略	遗传算法就是优化技术的一种
模式识别	依照一种特定的算法给某种产值(或标签)分配给定的输入值(或实例)的机器学习技术	—	分类技术属于这种类型
预测模型	通过建立或选择一个数学模型得出最好预测结果的技术	在客户关系管理中的一个应用:通过预测模型估计客户会流失的可能性或者客户被交叉销售其他产品的可能性	回归就是预测模型中的一种
回归	确定当一个或多个自变量变化时因变量变化的程度的统计技术	基于不同的市场和经济变量或最能影响客户满意度的制造业参数,来预测销售规模	用于数据挖掘,经常用来预测
情绪分析	自然语言处理和其他分析技术的应用,用于文字材料识别和提取主观信息	企业通过情绪分析来分析社交媒体(如博客、微博和社交网络),确定不同的客户群以及股东对它们产品和行为的反应	分析的内容主要包括特征识别或有关表达情感的产品,并确定属于正面或负面或中性的类型以及强度
空间分析	源于分析拓扑、几何、地理数据的统计技术	空间数据的空间回归(如消费者是否愿意购买与位置相关的产品)或模拟(如如何将制造业的供应链网络与不同的地理位置结合起来)	空间分析的数据经常源于地理信息系统,采集的数据包括位置信息,如地址或纬度/经度坐标
统计	收集、组织和说明数据的科学,包括设计调查和实验	通过 A/B 测试判断哪种类型的营销材料会最快增加收入	统计技术经常用于判断变量之间发生关系的概率("零假设"),以及潜在因果关系推测变量之间的关系(如统计学意义)。统计学技术同样用于降低 I 类型(误报)和 II 类型(假阴性)错误的可能性
监督式学习	从一组训练数据集推断一个函数或关系的机器学习技术	—	分类和支持向量机
无监督式学习	用于找到未标记数据中的隐形结构的机器学习技术	—	聚类分析属于无监督式学习
模拟	为复杂系统的行为建模,常用于预测和情境规划	估计不同措施在不确定情况下满足财务目标的可能性	例如,蒙特卡罗模拟是依赖重复随机抽样,其结果是给出一个结果的概率分布的直方图

续表

名称	定义	示例	备注
时间序列分析	源于统计数据和信号处理的技术，从一组连续的时间值代表的数据点提取有用的信息	—	股票市场指数的时间价值或每天特定条件下治疗的患者数
时间序列预测模型	利用过去相同或其他系列的时间序列值来预测未来的模型	预测销售规模或传染性病人就诊的数量	包括结构建模、分解成一系列的趋势，季节性和剩余组件，可以用于识别数据的周期性模式

第三节　大数据处理技术

可专门用于整合、处理、管理和分析大数据的关键技术主要包括 Big Table、商业智能、云计算、Cassandra、数据仓库、数据集市、分布式系统、Dynamo、GFS、Hadoop、HBase、MapReduce、Mashup、元数据、非关系型数据库、关系型数据库、R 语言、Python 语言、结构化数据、非结构化数据、半结构化数据、SQL、流处理、可视化技术等，以下对其中一些最关键部分做详细解析。

一、Hadoop

分布式文件系统（distributed file system）是一种由众多节点组成的文件系统网络，每个节点分布在不同的地点，通过计算机网络实现节点间的通信和连接。分布式文件系统的设计一般是采用"客户机/服务器"（client/server）模式[①]。相对于传统的本地文件系统而言，分布式文件系统能有效解决容量大小、容量增长速度、数据备份、数据安全等难题。用户在应用分布式文件系统时，无须关心数据具体是储存在哪个节点或是从哪个节点获取的，只需像使用本地文件系统一样管理和存储文件系统中的数据。

Hadoop 实现了一个分布式文件系统 HDFS。HDFS 有高容错性的特点，并且设计用来部署在低廉的（low-cost）硬件上，而且它提供高吞吐量（high throughput）来访问应用程序的数据，适合那些有着超大数据集（large data set）的应用程序。HDFS 放宽了（relax）POSIX（portable operating system interface of UNIX，可移植操作系统接口）的要求，可以以流的形式访问（streaming access）文件系统中的数据。

Hadoop 的框架最核心的设计就是：HDFS 和 MapReduce。HDFS 为海量的数据提供了存储，MapReduce 则为海量的数据提供了计算。

【案例】

谷歌作为一个致力于互联网搜索、云计算等领域的科技企业，2000 年面临了这样一个问题，网页排名即 page rank 每天都要算，仅靠单个服务器，其运算能力不足以支撑谷歌庞大的计算量，此时，就需要连入多台服务器，加入服务器有 0.1% 的故障率就导致每天都有

[①] 林子雨. 2017. 大数据技术原理与应用. 北京：人民邮电出版社.

服务器瘫痪。所以，谷歌需要一个支持海量存储的文件系统，不仅要并行，还要文件备份。众所周知，现在的谷歌搜索引擎，服务器和客户机都有很多，作为使用者我们不仅可以读还可以写，允许一些系统扮演客户机和服务器的双重角色。而这背后就是谷歌强大的分布式文件系统 GFS。谷歌工程师曾经提出两种方案：一是购买价格昂贵的分布式文件系统和硬件，二是在一堆廉价且不可靠的硬件上构建可靠的分布式文件系统。因此，他们提出了GFS 的设计思路，将文件划分为若干块，块是数据读写的单元，每块固定大小，每块数据块至少在 3 个数据块服务器上冗余，以此提高系统可靠性。通过单个 master 来协调数据访问、元数据存储，结构简单，容易保持元数据的一致性。

用户在使用分布式文件系统的过程中，能够体会到该系统的特性及优点。第一，分布式文件系统具备访问透明性、位置透明性、性能和伸缩透明性。访问透明性指用户访问时无须专门区分哪些是本地文件、哪些是远程文件，用户能够通过相同的操作来访问本地文件和远程文件资源。位置透明性是指在不改变路径名的前提下，不管文件副本数量和实际存储位置发生何种变化，对用户而言都是透明的，用户不会感受到这种变化，只需要使用相同的路径名就始终可以访问同一个文件。性能和伸缩透明性是指系统中节点的增加或减少以及性能的变化对用户而言是透明的，用户感受不到什么时候一个节点加入或退出。第二，并发控制。客户端对于文件的读写不应该影响其他客户端对同一个文件的读写。第三，文件复制。一个文件可以拥有在不同位置的多个副本。第四，硬件和操作系统的异构性。可以在不同的操作系统和计算机上实现同样的客户端与服务器端程序。第五，可伸缩性。支持节点的动态加入或退出。第六，容错。保证文件服务在客户端或者服务端出现问题的时候能正常使用。第七，安全。保证系统的安全性[1]。

云计算的数据存储技术首先有了谷歌非开源的分布式文件系统 GFS，后来 Yahoo（雅虎）的一个工程团队把 Yahoo 系统开源，即雅虎的 Hadoop 开发团队开发的开源系统HDFS，然后 Facebook 在此基础上做了类 SQL 的 Hive，Twitter（推特）贡献了流处理的 storm。我国电商企业阿里巴巴网络技术有限公司也开发了自己的分布式文件系统——TFS（taobao file system）主要针对海量的非结构化数据，它构筑在普通的 Linux机器集群上，可为外部提供高可靠和高并发的存储访问。TFS 为阿里巴巴提供了海量小文件存储，满足了阿里巴巴对小文件存储的需求，被广泛应用在阿里巴巴各项应用中。

二、HDFS

HDFS 开源实现了 GFS 的基本思想，是一个分布式文件系统，它能运行在普通的硬件之上，且具备高度容错性。它能提供高吞吐量的数据访问，非常适合应用在大数据集上。

（一）HDFS 的背景

随着数据量越来越大，在一个操作系统管辖的范围存不下了，那么就分配到更多的操作系统管理的磁盘中，但是不方便管理和维护，迫切需要一种系统来管理多台机器上

---

[1] 林子雨. 2017. 大数据技术原理与应用. 北京：人民邮电出版社.

的文件，这就是分布式文件管理系统。

学术上的定义是：分布式文件系统是一种允许文件通过网络在多台主机上分享的系统，可让多台机器上的多用户分享文件和存储空间。分布式文件管理系统有很多，HDFS只是其中一种，适用于一次写入、多次查询的情况，不支持并发写情况，不适用于小文件。因为小文件也占用一个块，小文件越多（1000 个 1 kB 文件），块就越多，元数据节点（namenode）压力就越大。

传统的文件系统是单机的，不能横跨不同的机器。HDFS 的设计本质是为了大量的数据能横跨成百上千台机器。例如，要获取/hdfs/tmp/file/的数据，引用的是一个文件路径，但实际的数据存放在很多不同的机器上，作为用户，我们不需要知道这些，就如同在单机上我们不需要知道文件分散在什么磁道什么扇区一个道理。HDFS 帮我们管理这些数据。

（二）HDFS 的设计理念

1. 存储超大文件

这里的"超大文件"是指几百 MB、GB 甚至 TB 级别的文件。目前已经有存储 PB 级数据的 Hadoop 集群。

2. 一次写入、多次读取（流式数据访问）的最高效访问模式

HDFS 存储的数据集作为 Hadoop 的分析对象。HDFS 的构建思路是：一次写入、多次读取，是最高效的访问模式。在数据集生成后，长时间在此数据集上进行各种分析。每次分析都将涉及该数据集的大部分数据甚至全部数据，因此读取整个数据集的时间延迟比读取第一条记录的时间延迟更重要。

3. 运行在普通的服务器上

HDFS 的设计理念之一就是让它能运行在普通的硬件之上。即便硬件出现故障，也可以通过容错策略来保证数据的高可用。

（三）HDFS 的基本结构

通过 Hadoop shell 上传的文件存放在数据节点（datanode）的数据块（block）中，通过 Linux shell 是看不到文件的，只能看到数据块。可以用一句话描述 HDFS：把客户端的大文件存放在很多节点的数据块中。HDFS 就是围绕着文件、节点、数据块这三个关键词设计的。

数据块：大文件会被分割成多个数据块进行存储，数据块大小默认为 64 MB。每一个数据块会在多个数据节点上存储多份副本，默认是 3 份。

元数据节点：元数据节点可以看作分布式文件系统中的管理者，主要负责管理文件系统的命名空间、集群配置信息和存储块的复制等（元数据节点负责管理文件目录、文件和数据块的对应关系，以及数据块和数据节点的对应关系）。元数据节点会将文件系统的 Meta-data 存储在内存中，这些信息主要包括文件信息、每一个文件对应的文件块

的信息和每一个文件块所在数据节点的信息等。

　　数据节点：数据节点是文件存储的基本单元，是文件系统的工作节点。它将数据块存储在本地文件系统中，保存了数据块的 Meta-data，同时周期性地将所有存在的数据块信息发送给元数据节点。数据节点就负责存储与冗余备份，执行数据块的读写操作等，当然大部分容错机制都是在数据节点上实现的。

　　从元数据节点（secondary namenode）：不是我们所想象的元数据节点的备用节点，其实它主要的功能是周期性地将元数据节点的命名空间镜像文件和修改日志合并，以防日志文件过大。它并非元数据节点的热备，而是辅助元数据节点，分担其工作量。定期合并 fsimage 和 fsedits，推送给元数据节点。在紧急情况下，可辅助恢复元数据节点。

　　其实，元数据节点上存储的东西就相当于一般文件系统中的目录，也是有命名空间的映射文件以及修改的日志，只是分布式文件系统将数据分布在各个机器上进行存储罢了。

　　HDFS 是一个主/从（mater/slave）体系结构，从最终用户的角度来看，它就像传统的文件系统一样，可以通过目录路径对文件执行 CRUD［create（增加）、retrieve（读取查询）、update（更新）、delete（删除）］操作。但由于分布式存储的性质，HDFS 集群拥有一个元数据节点和多个数据节点。

　　元数据节点管理文件系统的元数据，数据节点存储实际的数据。客户端通过从元数据节点和数据节点的交互访问文件系统。客户端联系元数据节点以获取文件的元数据，而真正的文件 I/O 操作是直接和数据节点进行交互的。

　　客户端用于文件切分与元数据节点交互，获取文件位置信息；与数据节点交互，读取或者写入数据；管理 HDFS；访问 HDFS。

　　文件写入用于客户端向元数据节点发起文件写入的请求。元数据节点根据文件大小和文件块配置情况，返回给客户端它所管理部分数据节点的信息。客户端将文件划分为多个数据块，根据数据节点的地址信息，按顺序写入每一个数据节点块中。

　　文件读取用于客户端向元数据节点发起文件读取的请求。元数据节点返回文件存储的数据节点的信息。客户端读取文件信息。

　　HDFS 典型的部署是在一个专门的机器上运行元数据节点，集群中的其他机器各运行一个数据节点；也可以在运行元数据节点的机器上同时运行数据节点，或者一台机器上运行多个数据节点。一个集群只有一个元数据节点的设计大大简化了系统架构。

三、HBase

　　HBase 是一个在 HDFS 上开发的面向列的分布式数据库，它并不是关系型数据库，它不支持 SQL。作为分布式系统的一种，分布式数据库为结构化的大数据提供了随机访问、实时读写的功能来解决 Hadoop 不能处理的问题。HBase 自底层设计开始即聚焦于各种可伸缩性问题，能够简单地通过节点来达到线性扩展。与传统关系数据库管理系统（relational database management system，RDBMS）相比，HBase 解决了很多 RDBMS 无法解决的问题，如实时读写超大规模数据集、在廉价硬件构成的集群上管理超大规模的稀疏表。

四、Hive

Hive 是应对 Facebook 每天产生的海量新兴社交网络数据进行管理和（机器）学习的需求而产生与发展的，它使得针对 Hadoop 进行 SQL 查询成为可能，从而非程序员也可以方便地使用。Hive 是基于 Hadoop 的一个数据仓库工具，可以将结构化的数据文件映射为一张数据库表，并提供完整的 SQL 查询功能，可以将 SQL 语句转换为 MapReduce 任务运行。Hive 最大的特点就是提供了类 SQL 的语法，封装了底层的 MapReduce 过程，让有 SQL 基础的业务人员，也可以直接利用 Hadoop 进行大数据的操作。这解决了原数据分析人员对于大数据分析的瓶颈。有了 Hive 之后，非计算机背景的用户也能写 SQL。

Hive 是建立在 Hadoop 上的数据仓库基础构架。它提供了一系列的工具，可以用来进行数据提取转化加载 ETL，这是一种可以存储、查询和分析存储在 Hadoop 中的大规模数据的机制。Hive 定义了简单的类 SQL 查询语言，称为 HQL，它允许熟悉 SQL 的用户查询数据。同时，这个语言也允许熟悉 MapReduce 的开发者开发自定义的 mapper 和 reducer 来处理内建的 mapper 和 reducer 无法完成的复杂的分析工作。

（一）帮助无开发经验的数据分析人员处理大数据

SQL 对很多分析任务非常有用，并且它为工业界所熟知，是商务智能工具的通用语言。但是 SQL 并不是所有大数据问题的理想工具，如它并不适合用来开发复杂的机器学习算法。而 Hive 有条件地和这些产品进行集成。Hive 的设计目的是让精通 SQL 技能（但 Java 编程技能相对较弱）的分析师能够在 Facebook 存放在 HDFS 的大规模数据集上运行查询。如今很多公司将 Hive 用作一个通用的、可伸缩的数据处理平台。

（二）构建标准化的 MapReduce 开发过程

首先 Hive 已经用类 SQL 的语法封装了 MapReduce 过程，这个封装过程就是 MapReduce 标准化的过程。

我们在做业务或者工具时，会针对场景用逻辑封装，这是第二层封装，是在 Hive 之上的封装。在第二层封装时，我们要尽可能多地屏蔽 Hive 的细节，让接口单一化，减少灵活性，再次精简 HQL 的语法结构。

在使用二次封装的接口时，我们已经可以不用知道 Hive 是什么，更不用知道 Hadoop 是什么。我们只需要知道，SQL 查询（SQL92 标准）怎么写效率高，怎么写可以完成业务需要就可以了。当我们完成了 Hive 的二次封装后，可以构建标准化的 MapReduce 开发过程。

我们可以统一企业内部各种应用对于 Hive 的依赖，并且当人员素质提高后，可以剥离 Hive，用更优秀的底层解决方案来替换。如果封装的接口不变，甚至替换 Hive 时，业务使用都不知道已经替换了 Hive。

这个过程是需要经历的，也是有意义的。当我们在考虑构建 Hadoop 分析工具时，以 Hive 作为 Hadoop 访问接口是最有效的。

（三）有关 Hive 的运维

因为 Hive 是基于 Hadoop 构建的，简单地说就是一套 Hadoop 的访问接口，Hive 本身并没有太多的东西，所以运维方面只需要我们注意以下几个问题。

（1）使用单独的数据库存储元数据。

（2）定义合理的表分区和键。

（3）设置合理的 bucket 数据量。

（4）进行表压缩。

（5）定义外部表使用规范。

（6）合理地控制 mapper 和 reducer 的数量。

（7）Hive 的使用案例。

第四节　大数据安全技术

一、用户身份认证

由系统提供一定的方式让用户标识自己的名字或身份，当用户要求进入系统时，由系统进行核对。这种技术仅仅用于数据库安全维护，也常见于一般的软件安全维护和系统维护。常用的用户身份认证技术主要包括传统的基于口令的身份认证技术、基于随机口令的认证技术、基于 PKI（public key infrastructure，公钥基础设施）体制的数字证书认证技术等。

在数据库系统中，系统内部记录所有合法用户的用户标识和口令。系统要求用户在进入系统之前输入自己的用户标识和口令，用户信息输入正确方可进入。这种方式的优点是构建方便、使用灵活、投入小，对于一些封闭的小型系统和安全性要求不是很高的系统来说是一种简单可信的方法，但是用户信息容易被人窃取。

当前基于口令的身份认证技术是单向认证，即服务器对用户进行认证，而用户不能对服务器进行认证，这种认证方式存在很大的缺陷。基于 PKI 体制的数字证书的身份认证技术通过可信任的第三方提供用户和服务器的双向认证。目前出现在原始 MDS 算法的基础上，采用在用户口令中加入随机数的方式来抵御重放攻击和字典攻击，提高了数据库管理系统的安全性。

二、授权机制

授权机制也称访问控制，主要是指系统依据某些控制策略对主体访问客体所进行的控制，用来保证客体只能被特定的主体所访问，多数访问控制应用都能抽象为权限管理模型，包括实体对象、权限声称者和权限验证者。基于传统访问控制框架的访问控制模型有自主访问控制（discretionary access control，DAC）模型、强制访问控制（mandatory access control，MAC）模型、基于角色的访问控制（role-based access control，RBAC）

模型和基于任务的访问控制（rask-based access control，TBAC）模型等，这些传统访问控制模型中采用的执行单元和决策单元实际上分别是应用程序中实现访问控制的一段监听与判断逻辑程序，用来实现对访问请求的接收和决策。

目前大部分的数据库管理系统都支持自主访问控制，目前的 SQL 标准是通过 Grant 和 Revoke 语句来授予和收回权限。强制访问控制方法可给系统提供更高的安全性。在 MAC 中，数据库管理系统将实体分为主体和客体两大类。如果面对大量的应用系统和用户，这种方式将导致对用户的访问控制管理变得非常复杂和凌乱，甚至难以控制，还会增加系统开发费用，加重系统管理员的负担，带来系统的复杂度提高和不安全因素增加。因此，应采取新的解决数据库安全保密问题的方法。

三、数据加密

数据加密就是把数据信息即明文转换为不可辨识的形式即密文的过程，目的是使不应了解该数据信息的人不能访问。将密文转变为明文的过程，就是解密。加密和解密过程形成加密系统。

目前数据加密算法很多，根据密钥性质的不同，常见的加密方法可以分为对称加密算法和非对称加密算法。对称加密算法比非对称加密算法效率更高。最著名的算法是以美国颁布的数据加密标准（data encryption standard，DES）为代表的传统对称密钥密码算法和以 RSA 算法为代表的非对称的公开密钥算法等。

四、视图机制

进行存取权限的控制，不仅可以通过授权来实现，而且还可以通过定义用户的外模式来提供一定的安全保护功能。在关系数据库中，可以为不同的用户定义不同的视图，通过视图机制把要保密的数据对无权操作的用户隐藏起来，从而自动地对数据提供一定程度的安全保护，对视图也可以进行授权。视图机制使系统具有数据安全性、数据逻辑独立性和操作简便等优点。

五、审计追踪与攻击检测

审计功能在系统运行时，自动将数据库的所有操作记录在审计日志中。攻击检测系统则是根据审计数据分析检测内部和外部攻击者的攻击企图，再现导致系统现状的事件，分析发现系统安全弱点，追查相关责任者。

除了以上提到的安全技术以外，还有设置防火墙、可信恢复、计算机光盘软件与应用。

第三章

大数据常用算法与数据结构

对于大数据系统来说，如何能够在海量的数据中高效快速地处理数据是非常关键的，而选择合适的算法以及数据结构对于高效处理数据具有重要的作用。本章将介绍大数据常用的算法与数据结构，概述其基本原理以及典型的应用场景。

第一节　布隆过滤器

一、基本原理

布隆过滤器(Bloom filter)是由 Burton Howard Bloom 于 1970 年提出，它是一种 space efficient 的概率型数据结构，用于判断一个元素是否在集合中。在垃圾邮件过滤的黑白名单方法、爬虫（crawler）的网址判重模块等中经常被用到。哈希表（hash table）也能用于判断元素是否在集合中，但是布隆过滤器只需要哈希表的 1/8 或 1/4 的空间复杂度就能完成同样的问题。布隆过滤器可以插入元素，但不可以删除已有元素。其中的元素越多，false positive rate（误报率）越大，但是 false negative（漏报）是不可能的。

布隆过滤器由一个很长的二进制向量和一系列随机映射函数组成，可以用于检索一个元素是否在一个集合中，它的优点是空间效率和查询时间都远远超过一般的算法，缺点是有一定的误识别率，如果判断为存在，则不一定存在，如果判断为不存在，则一定不存在。应用举例：判断一封邮件是否在垃圾邮件名单中，毕竟大部分邮件都不是垃圾邮件；判断一个单词是否拼写正确，就需要判断这个单词是否在一个词典中；等等。如果想判断一个元素是不是在一个集合中，一般想到的是将所有元素保存起来，然后通过比较确定。链表、树等数据结构都是这种思路。但是随着集合中元素的增加，我们需要的存储空间越来越大，检索速度也越来越慢。不过世界上还有一种叫作散列表（哈希表）的数据结构。它可以通过一个哈希函数将一个元素映射成一个位阵列（bit array）中的一个点。这样一来，我们只要看看这个点是不是 1 就知道集合中有没有它了。这就是布隆过滤器的基本思想。

二、误判率

因为布隆过滤器使用位数组与哈希函数来表征集合，并不需要实际存储集合数据本身的内容，所以空间利用率很高，但同时也存在一个问题，在查询某个成员是否属于集合时，往往会发生误判。也就是说，如果某个单位不在集合中，有可能布隆过滤器会得出该单位在集合中的结论，因此布隆过滤器往往只能运用在一些允许发生误判的场景下，而对于一些对准确率要求很高的场景则不能使用。

假设布隆过滤器中的 hash function 满足 simple uniform hashing 假设：每个元素都等概率地 hash 到 m 个 slot 中的任何一个，与其他元素被 hash 到哪个 slot 无关。若 m 为 bit 数，则对某一特定 bit 位在一个元素由某特定 hash function 插入时没有被置位为 1 的概率为

$$1-\frac{1}{m}$$

则 k 个 hash function 中没有一个对其置位的概率为

$$\left(1-\frac{1}{m}\right)^{k}$$

如果插入了 n 个元素，但都未将其置位的概率为

$$\left(1-\frac{1}{m}\right)^{kn}$$

则此位被置位的概率为

$$1-\left(1-\frac{1}{m}\right)^{kn}$$

现在考虑 query 阶段，若对应某个待 query 元素的 k bits 全部置位为 1，则可判定其在集合中。因此将某元素误判的概率为

$$\left(1-\left(1-\frac{1}{m}\right)^{kn}\right)^{k}$$

因为当 $x \rightarrow 0$ 时 $(1+x)^{\frac{1}{x}} \sim e$，并且当 m 很大时 $-\frac{1}{m}$ 趋近于 0，所以

$$\left(1-\left(1-\frac{1}{m}\right)^{kn}\right)^{k}=\left(1-\left(1-\frac{1}{m}\right)^{-m \cdot \frac{-kn}{m}}\right)^{k} \sim \left(1-e^{-\frac{nk}{m}}\right)^{k}$$

从上式中可以看出，当 m 增大或 n 减小时，都会使得误判率减小，这也符合直觉。现在计算对于给定的 m 和 n，k 为何值时可以使得误判率最低。设误判率为 k 的函数为

$$f(k)=\left(1-e^{-\frac{nk}{m}}\right)^{k}$$

设 $b=e^{\frac{n}{m}}$，则简化为

$$f(k)=(1-b^{-k})^{k}$$

两边取对数为

$$\ln f(k)=k \cdot \ln(1-b^{-k})$$

两边对 k 求导为

$$\frac{1}{f(k)} \cdot f'(k) = \ln(1-b^{-k}) + k \cdot \frac{1}{1-b^{-k}} \cdot (-b^{-k}) \cdot \ln b \cdot (-1)$$

$$= \ln(1-b^{-k}) + k \cdot \frac{b^{-k} \cdot \ln b}{1-b^{-k}}$$

下面求最值：

$$\ln(1-b^{-k}) + k \cdot \frac{b^{-k} \cdot \ln b}{1-b^{-k}} = 0$$

$$\Rightarrow (1-b^{-k}) \cdot \ln(1-b^{-k}) = -k \cdot b^{-k} \cdot \ln b$$

$$\Rightarrow (1-b^{-k}) \cdot \ln(1-b^{-k}) = b^{-k} \cdot \ln b^{-k}$$

$$\Rightarrow 1-b^{-k} = b^{-k}$$

$$\Rightarrow b^{-k} = \frac{1}{2}$$

$$\Rightarrow e^{-\frac{kn}{m}} = \frac{1}{2}$$

$$\Rightarrow \frac{kn}{m} = \ln 2$$

$$\Rightarrow k = \ln 2 \cdot \frac{m}{n} = 0.7 \cdot \frac{m}{n}$$

因此，即当 $k = 0.7 \cdot \frac{m}{n}$ 时误判率最低，此时误判率为

$$P(\text{error}) = \left(1 - \frac{1}{2}\right)^k = 2^{-k} = 2^{-\ln 2 \cdot \frac{m}{n}} \approx 0.6185^{\frac{m}{n}}$$

可以看出若要使得误判率 $\leq 1/2$，则

$$k \geq 1 \Rightarrow \frac{m}{n} \geq \frac{1}{\ln 2}$$

这说明若想保持某固定误判率不变，布隆过滤器的 bit 数 m 与被插入的元素数 n 应该是线性同步增加的。

三、应用

布隆过滤器在很多场合能发挥很好的效果，如网页 URL（uniform resource locator，统一资源定位符）的去重、垃圾邮件的判别、集合重复元素的判别、查询加速（如基于 key-value 的存储系统）等，下面举几个例子。

有两个 URL 集合 A、B，每个集合中大约有 1 亿个 URL，每个 URL 占 64 字节，有 1 GB 的内存，如何找出两个集合中重复的 URL？

很显然，直接利用哈希表会超出内存限制的范围。这里给出两种思路。

第一种：如果不允许一定错误率的话，只有用分治的思想去解决，将 A、B 两个集合中的 URL 分别存到若干个文件中，如 $\{f_1, f_2, \cdots, f_k\}$ 和 $\{g_1, g_2, \cdots, g_k\}$，然后取 f_1

和 g_1 的内容读入内存，将 f_1 的内容存储到 hash_map 当中，然后再取 g_1 中的 URL，若有相同的 URL，则写入文件中，然后直到 g_1 的内容读取完毕，再取 g_2，…，g_k。然后再取 f_2 的内容读入内存，依次类推，直到找出所有的重复 URL。

第二种：如果允许一定错误率的话，则可以用布隆过滤器的思想。

进行网页爬虫时，一个很重要的过程是重复 URL 的判别，如果将所有的 URL 存入数据库中，当数据库中 URL 的数量很多时，在判重时会造成效率低下，此时常见的一种做法就是利用布隆过滤器；还有一种方法是利用 berkeley db 来存储 URL，berkeley db 是一种基于 key-value 存储的非关系数据库引擎，能够大大提高 URL 判重的效率。

第二节　跳　跃　表

跳跃表由 William Pugh 于 1989 年首次提出来，跳跃表是一个概率数据结构，似乎可能取代平衡树作为许多应用程序的首选实现方法。跳跃表算法具有与平衡树相同的渐近预期时间范围，并且更简单、更快速并且使用更少的空间。

在计算机科学中，跳跃表是允许在有序序列元素内快速搜索的数据结构。通过维护子序列的链接层次结构可以快速搜索，每个连续的子序列跳过比前一个更少的元素，于最短的子序列开始搜索，直到找到两个连续的元素，一个小于所搜索的元素，另一个大于或等于所搜索的元素。通过链接层次结构，这两个元素链接到下一个最短子序列的元素，搜索继续迭代，直到最后我们以完整的顺序搜索。

通过一张图，我们就可以清楚地了解什么是跳跃表，如图 3-1 所示。

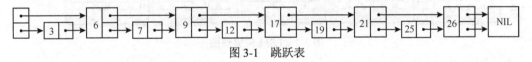

图 3-1　跳跃表

图 3-1 是一个极为简单的跳跃表。传统意义的单链表是一个线性结构，向有序的链表中插入一个节点需要 $O(n)$ 的时间，查找操作需要 $O(n)$ 的时间。如果我们使用图 3-1 所示的跳跃表，就可以减少查找所需时间 $O(n/2)$，因为我们可以先通过每个节的最上面的指针进行查找，这样就能跳过一半的节点。例如我们想查找 19，首先和 6 比较，大于 6 之后，再和 9 进行比较，然后和 12 进行比较……最后比较到 21 的时候，发现 21 大于 19，说明查找的点在 17 和 21 之间。从这个过程中，我们可以看出，查找的时候跳过了 3、7、12 等点，因此查找的复杂度为 $O(n/2)$。

第三节　LSM 树

LSM（Log-Structured Merge）的基本思想是将修改的数据保存在内存，达到一定数量后再将修改的数据批量写入磁盘，在写入的过程中与之前已经存在的数据做合并。同 B 树存储模型一样，LSM 存储模型也支持增、删、读、改以及顺序扫描操作。LSM 模型利用批量写入解决了随机写入的问题，虽然牺牲了部分读的性能，但是大大提高了写的性能。LSM 树的设计思想非常朴素（图 3-2）：将对数据的修改增量保持在内存中，达到指定的大小限制后将这些修改操作批量写入磁盘，不过读取的时候稍微麻烦，需要合并磁盘中历史数据和内存中最近的修改操作，所以写入性能大大提升，读取时可能需要先看是否命中内存，否则需要访问较多的磁盘文件。极端地说，基于 LSM 树实现的 HBase 的写性能比 MySQL 高了一个数量级，读性能低了一个数量级。LSM 树原理把一棵大树拆分成 N 棵小树，它首先写入内存中，随着小树越来越大，内存中的小树会清空（flush）到磁盘中，磁盘中的树定期可以做合并（merge）操作，合并成一棵大树，以优化读性能。

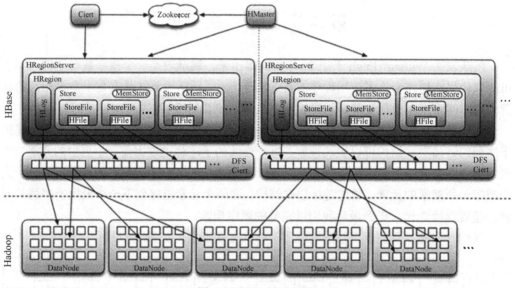

图 3-2　LSM 树原理图

以上这些就是 HBase 存储的设计主要思想，这里分别对应说明。

因为小树先写到内存中，为了防止内存数据丢失，写内存的同时需要暂时持久化到磁盘，对应了 HBase 的 MemStore 和 HLog。

MemStore 上的树达到一定大小之后，需要清空到 HRegion 磁盘中（一般是 Hadoop 数据节点），这样 MemStore 就变成了数据节点上的磁盘文件 StoreFile。HRegionServer 定期对数据节点的数据做合并操作，彻底删除无效空间，多棵小树在这个时机合并成大树，来增强读性能。

关于 LSM 树，对于最简单的二层 LSM 树而言，内存中的数据和磁盘中的数据合并操作，如图 3-3 所示。

LSM 树的主要目标是快速地建立索引。B 树是建立索引的通用技术，但是在大并发插入数据的情况下，B 树需要大量的磁盘随机 I/O，很显然，大量的磁盘随机 I/O 会严重影响索引建立的速度。特别地，对于那些索引数据大的情况（如两个列的联合索引），插入速度是影响性能的重要指标，而读取相对来说就比较少。LSM 树通过磁盘的顺序写可以达到最优的写性能，因为这会大大降低磁盘的寻道次数，一次磁盘 I/O 可以写入多个索引块。

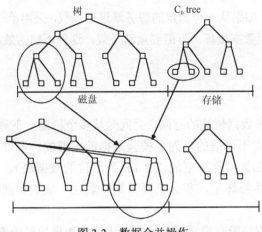

图 3-3 数据合并操作

LSM 树的主要思想是划分不同等级的树。以两级树为例，可以想象一份索引数据由两棵树组成，一棵树存在于内存，一棵树存在于磁盘。内存中的树可以不一定是 B 树，可以是其他的树，如 AVL 树。因为数据大小是不同的，没必要牺牲 CPU（central processing unit，中央处理器）来达到最小的树高度。而存在于磁盘的树是一棵 B 树。

数据首先会插入内存中的树。当内存中的树中的数据超过一定阈值时，会进行合并操作。合并操作会从左至右遍历内存中的树的叶子节点与磁盘中的树的叶子节点进行合并，当被合并的数据量达到磁盘的存储页的大小时，会将合并后的数据持久化到磁盘，同时更新父亲节点对叶子节点的指针。之前存在于磁盘的叶子节点被合并后，旧的数据并不会被删除，这些数据会拷贝一份和内存中的数据一起顺序写到磁盘。这会造成一些空间的浪费，但是，LSM 树提供了一些机制来回收这些空间。磁盘中的树的非叶子节点数据也被缓存在内存中。数据查找会首先查找内存中的树，如果没有查到结果，会转而查找磁盘中的树。

第四节　Merkle 哈希树

Merkle 可信树，通常也被称作哈希树（hash tree），顾名思义，就是存储哈希值的一棵树。Merkle 树的叶子是数据块（如文件或文件的集合）的哈希值。非叶节点是其对应子节点串联字符串的哈希。

一、哈希

哈希是一个把任意长度的数据映射成固定长度数据的函数。例如，对于数据完整性校验，最简单的方法是对整个数据做哈希运算得到固定长度的哈希值，然后把得到的哈希值公布在网上，这样用户下载到数据之后，对数据再次进行哈希运算，将运算结果和网上公布的哈希值进行比较，如果两个哈希值相等，说明下载的数据没有损坏。可以这样做是因为输入数据的稍微改变就会引起哈希运算结果的面目全非，而且根据哈希值反推原始输入数据的特征是困难的。如果从一个稳定的服务器进行下载，采用单一哈希是可取的。但如果数据源不稳定，一旦数据损坏，就需要重新下载，这种下载的效率是很低的。

二、哈希列表

在点对点网络中做数据传输的时候，会同时从多个机器上下载数据，而且很多机器可以认为是不稳定或者不可信的。为了校验数据的完整性，更好的办法是把大的文件分割成小的数据块（如把文件分割成以 2 kB 为单位的数据块）。这样的好处是，如果小块数据在传输过程中损坏了，那么只要重新下载这一块数据就行了，不用重新下载整个文件。

怎么确定小的数据块没有损坏呢？只需要为每个数据块做哈希。BT 下载的时候，在下载到真正数据之前，我们会先下载一个哈希列表。那么问题又来了，怎么确定这个哈希列表本身是正确的呢？答案是把每个小块数据的哈希值拼到一起，然后对这个长字符串再做一次哈希运算，这样就得到哈希列表的根哈希（top hash 或 root hash）。下载数据的时候，首先从可信的数据源得到正确的根哈希，就可以用它来校验哈希列表，然后通过校验后的哈希列表校验数据块。

三、Merkle 树

Merkle 树可以看作哈希列表的泛化（哈希列表可以看作一种特殊的 Merkle 树，即树高为 2 的多叉 Merkle 树）。

在最底层，和哈希列表一样，我们把数据分成小的数据块，有相应的哈希和它对应。但是往上走，并不是直接去运算根哈希，而是把相邻的两个哈希合并成一个字符串，然后运算这个字符串的哈希，这样每两个哈希就“结婚生子”，得到了一个“子哈希”。如果最底层的哈希总数是单数，那到最后必然出现一个单身哈希，这种情况就直接对它进行哈希运算，所以也能得到它的子哈希。于是往上推，依然是一样的方式，可以得到数目更少的新一级哈希，最终必然形成一棵倒挂的树，到了树根的这个位置，这一代就剩下一个根哈希，我们把它叫作 Merkle root（也称为 Merkle 树的根哈希值）。

在 P2P（peer-to-peer）网络下载之前，先从可信的源获得文件的 Merkle 树树根。一旦获得了树根，就可以从其他不可信的源获取 Merkle 树。通过可信的树根来检查接收到的 Merkle 树。如果 Merkle 树是损坏的或者虚假的，就从其他源获得另一个 Merkle 树，直到获得一个与可信树根匹配的 Merkle 树。

Merkle 树和哈希列表的主要区别是，可以直接下载并立即验证 Merkle 树的一个分支。因为可以将文件切分成小的数据块，这样如果有一块数据损坏，仅仅重新下载这个数据块就行了。如果文件非常大，那么 Merkle 树和哈希列表都很大，但是 Merkle 树可以一次下载一个分支，然后立即验证这个分支，如果分支验证通过，就可以下载数据。而哈希列表只有下载整个哈希列表才能验证。

Merkle 树是一种树，大多数是二叉树，也可以是多叉树，无论是几叉树，它都具有树结构的所有特点；Merkle 树的叶子节点的 value 值是数据集合的单元数据或者单元数据哈希。非叶子节点的 value 值是根据它下面所有的叶子节点值按照哈希算法计算而得出的。

通常，加密的哈希方法像用 SHA-2 和 MD5 来做哈希。但如果仅仅为了防止数据被蓄意地损坏或篡改，可以改用一些安全性低但效率高的校验和算法，如 CRC（cyclic redundancy check，循环冗余检验）。

次原像攻击（second-preimage attack）：Merkle 树的树根并不表示树的深度，这可能会导致次原像攻击，即攻击者创建一个具有相同 Merkle 树根的虚假文档。一个简单的解决方法是在证书透明度中定义：当计算叶节点的哈希时，在哈希数据前加 0x00；当计算内部节点时，在前面加 0x01。另外一些限制哈希树的根的方法，通过在哈希值前面加深度前缀实现。因此，前缀每一步都会减少，只有当到达叶子时前缀依然为正，提取的哈希链才被定义为有效。

第四章

大数据技术应用思路

第一节 数据采集问题与解决思路

一、数据采集问题

大数据的数据采集方式主要有政府部门统计提供和相关企业调查填报相关系统两种。大数据企业在数据采集的过程中，大多智能设备少，需要手工采集、手工录入，耗时、费力，相关企业往往不愿意填报数据，或者容易漏填数据，并且大部分无法获得终端客户基本属性信息，只能简单地统计客流量、团队数量等少量的数据。互联网、移动互联网快速发展，网站、微网站、移动 APP 的数量高速膨胀，互联网中的各类数据无限增长，想在互联网这片丛林中找到有价值的数据并非易事。大数据采集存在数据不全面、分析结果不准确、实时性差等问题。

在互联网环境下，最有价值的数据是个人真实数据，这部分数据对于大数据应用平台来讲也是最核心最有价值的基础数据，而该部分数据掌握在互联网、旅游产业、涉旅部门和移动通信运营商手中，这类用户资源被视为最核心最珍贵的互联网资源，且涉及用户个人隐私信息，因此，采集难度最大。

面对如此多的数据来源，目前还没有一个统一的数据标准，各家做各家的大数据，如何采集和处理多源、异构数据是大数据项目必须面对的问题。

二、数据采集问题解决思路

数据是大数据应用进行处理分析的基础，数据来源决定数据的质量以及最终的分析结果，因此，数据来源的多样性和数据的代表性决定了大数据分析结果的质量。

互联网数据［如搜索引擎数据、在线旅游网站数据、社交媒体数据、UGC（user generated content，用户生成内容）等］的采集主要是依靠网络爬虫抓取数据，其中部分数据需要购买，如搜索引擎的付费业务数据、OTA（Online Travel Agency，在线旅游）销量数据等；行业产业数据（如各级政府部门业务系统数据及上报数据，景区、旅行社、酒店等旅游业态数据）、行业业务系统数据可以通过数据接口直接获取；企业的各种数据目前还需要由企业填报获取，随着技术的不断发展和企业信息化的不断提高，这一过程逐渐会被技术手段所取代；政府部门（如交通、公安、环保等）数据目前还没有成熟的共享机制，获取比较困难，广东政府已经意识到这个问题的存在，制定了《广东省政务服务大数据库建设方案（2016—2017 年）》，以促进全省各部门、各层级、各领域数据共享，通过全省政务数据统一开放平台，统筹管理可开放政务数据资源，提供面向公众的政府数据服务，与全省各部门、各层级、各领域数据实现按需共享；移动通信（电信、联通、移动和移动互联网服务商）数据一般需要购买获得，也可以通过数据交换获取，但成本比较高。

目前获取数据的方法大致分为以下四类。

第一，利用广告联盟的竞价交易平台。就是说某个公司通过这样一个广告交易平台把自己的一些文字或图片放在别人的网站或者客户端上，吸引用户点击，从而去访问它们的服务。举个例子：你在网易新闻网站上点击了淘宝通过百度发布的广告，这里百度是广告交易平台，它也许就能知道目前你想买什么商品。你从广告联盟上购买某搜索公司广告位 1 万次展示，那么基本上搜索公司会给你 10 万次机会让你选取，每次机会实际上包含对客户的画像描述。如果你购买的量比较大，积累下来也能有一定的可能不是实时更新的互联网用户数据资料。这也是为什么用户的搜索关键词通常与其他网站广告位的推荐内容紧密相关，实质上是搜索公司通过广告联盟方式，间接把用户搜索画像数据公开了。

第二，利用用户 cookie 数据。cookie 就是服务器暂时存放在用户的电脑里的资料（.txt 格式的文本文件），好让服务器用来辨认计算机。互联网网站可以利用 cookie 跟踪统计用户访问该网站的习惯，如什么时间访问、访问了哪些页面、在每个网页的停留时间等。也就是说以合法的方式某网站只能查看与该网站相关的 cookie 信息，只有以非法方式或者通过浏览器厂家才有可能获取客户所有的 cookie 数据。真正的大型网站有自己的数据处理方式，并不依赖 cookie，cookie 的真正价值应该是在没有登录的情况下，也能识别客户身份，是什么时候曾经访问过什么内容的老用户，而不是简单的游客。

第三，利用 APP 联盟。APP 是获取用户移动端数据的一种有效手段，在 APP 中植入 SDK（software development kit，软件开发工具包）插件，用户使用 APP 内容时就能及时将信息汇总给指定服务器，它会记录用户的启动、退出和任何想要统计的操作行为。实际上用户没有访问时，APP 也能获知用户终端的相关信息，包括安装了多少个应用、什么样的应用。单个 APP 用户规模有限，数据量有限，但如某数据公司将自身 SDK 内置到数万数十万个 APP 中，获取的用户终端数据和部分行为数据也会达到数亿的量级。

第四，与拥有稳定数据源的公司进行战略合作。上述三种方式获取的数据均存在完整性、连续性的缺陷，数据价值有限。BAT（百度、阿里巴巴、腾讯）巨头自身价值链较为健全，数据变现通道较为完备，不会轻易输出数据与第三方合作（获取除外）。政府机构的数据要么全部免费，要么属于机密，所以不会有商业性质的合作。拥有完整的互联网（含移动互联网）的通道数据资源，同时变现手段及能力欠缺的运营商，自然成为大数据合作的首选目标。

系统日志采集方法，很多互联网企业都有自己的海量数据采集工具，多用于系统日志采集，如 Hadoop 的 Chukwa、Cloudera 的 Flume、Facebook 的 Scribe 等，这些工具均采用分布式架构，能满足每秒数百 MB 的日志数据采集和传输需求。网络数据采集方法是对非结构化数据的采集。网络数据采集是指通过网络爬虫或网站公开 API（application programming interface，应用程序编程接口）等方式从网站上获取数据信息。该方法可以将非结构化数据从网页中抽取出来，将其存储为统一的本地数据文件，并以结构化的方式存储。它支持图片、音频、视频等文件或附件的采集，附件与正文可以自动关联。除了网络中包含的内容之外，对于网络流量的采集可以使用 DPI（deep packet inspection，深度报文检测）或 DFI（deep flow inspection，深度流检测）等带宽管理技术进行处理。其他数据采集方法，对于企业生产经营数据或学科研究数据等保密性要求较高的数据，可以通过与企业或研究机构合作，使用特定系统接口等相关方式采集数据。

为保证采集的数据资源符合要求，可以依据以下规范。

（1）采集的数据资源需要经过数据审核，以确保数据的完整性、真实性。

（2）云端数据采集主要从 OTA 等正规网站完成，基础数据采集通过设定权限管理，保证数据的可靠和安全性。

（3）从多个站点采集数据，并进行数据的对比和审核，确保信息的全面性，避免数据冗余。

（4）为保证信息的实时性，针对动态信息的采集，设定定时采集，并进行实时的数据更新采集，一旦设定网站数据有更新，会自动触发更新采集操作，完成数据信息更新。

（5）针对多媒体信息资源，信息资源的分类和命名方式严格按照要求进行。图片资料及视频和音频资料建立命名规则，做到从名字就能够了解图片或视频内容。

第二节　数据处理问题与解决思路

一、数据处理问题

（一）数据存储问题

大数据体量大、格式多变，给大数据存储带来了很大的挑战。大数据已经不再是单一的结构化数据，更多的是非结构化数据，同时要面对大量数据的冲击，数据存储必须做到保障数据不丢失。

面对海量的结构化、非结构化数据，为保障在任何情况下数据都不能丢失，传统数据库管理系统采用的是集中式存储盒处理方式。面对不断增长的数据量，传统数据库已不能满足数据存储要求，尤其在存储速度方面更显得捉襟见肘。在面对大量数据的导入导出、统计分析、检索查询时，数据处理性能会随着数据量的增长而急剧下降，尤其是大数据环境下，进行相应的统计及查询时传统的集中式处理方式更是无能为力。

（二）数据清洗问题

目前政府部门存储的数据是以各行业企业填报数据为主的结构化数据，人为因素会导致数据存在错误、不完整、数据无效、缺失等问题，靠人工审核不一定能发现错误。随着大数据的发展，海量的结构化、半结构化和非结构化数据，也会存在不完整、错误、重复、不一致、无效、缺失等问题，如何发现并纠正数据文件中可识别的错误，是大数据发展必须面对的问题。

（三）数据挖掘问题

受限于各行业、企业和地方政府部门上报数据的覆盖范围与数据内容，现有数据还不足以支撑行业管理、精准营销、公共信息服务等业务要求。

大数据由于数据体量巨大，又在不断增长，所以单位数据的价值密度在不断降低，但是与此同时，大数据的整体价值却在不断提升，想依靠海量数据找到潜藏其中的有着特殊关系的信息，就需要进行深度的挖掘和分析。大数据挖掘与传统数据挖掘存在较大的区别：传统的数据挖掘一般数据量较小、算法相对简单、收敛速度慢，然而大数据的数据量是巨大的，大数据挖掘技术在对数据的存储、清洗、ETL 方面都需要能够应对海量数据的需求和挑战。在很多应用场景中，甚至需要挖掘的结果能够实时反馈，这对传统数据处理系统提出了很大的挑战，因为数据挖掘算法通常需要较长的时间，尤其是在大数据量的情况下，在这种情形下可能需要结合大批量的离线处理和实时计算才可能满足需求。

（四）数据应用问题

在我国的政府部门、行业、企业信息化过程中，信息孤岛现象十分普遍，不同行业之间甚至相同行业之间的系统和数据都几乎没有交集。如行业和行业之间的数据没有交互；广州政府部门和深圳政府部门之间的数据，是按照行政区域进行建设的，这种跨区域的信息互联互通更是非常的困难。即便是政府部门内部各科室的系统都是相互独立的，更不要说政府部门与其他机关的数据共享了。数据的单一性会导致无法对多数据源做对比分析、关联性分析。

大数据业务模型是业务的真实反映，是由用户的业务需求派生出来的，可以说业务模型是数据应用的基础，是用户需求与大数据之间的纽带。只有通过业务模型展现出隐藏在大数据背后的真相和规律，才能体现大数据真正的价值；也只有通过业务模型，用户才能透过海量数据找到解决业务需求的钥匙。因此，构建大数据业务模型不但要深入了解用户的业务需求，同时也要对海量数据的内容及关系了然于心。

业务模型从创建到前端展示，中间需要不断地修正、优化，与实际运行情况进行比对，发现误差，及时校验数据、修改抽取算法，调整业务模型参数，尽可能地向真实业务无限靠拢。这个过程需要对影响业务、技术的细节进行深入了解和实际运行观察。

二、数据处理问题解决思路

（一）数据存储

目前数据存储主要有以下四种方式。

1. 关系型数据库

关系型数据库主要用于支撑并存储需要频繁进行事务处理的业务系统或已按照传

统技术架构建设完成的业务系统产生的数据，以及各行各业管理部门统一建设的应用系统产生的数据。关系型数据库无法大规模扩展，存储大量数据的代价是非常昂贵的，且不善于处理非结构化数据，因此关系型数据库已不适合大数据的存储。

2. NoSQL 数据库

NoSQL 数据库具有高扩展性、高可用性，能支持海量数据存储和高并发访问。NoSQL 数据库主要应用于数据模型比较简单、需要灵活性更强的 IT 系统、对数据库性能要求较高、不需要高度的数据一致性、对于给定关键值比较容易映射复杂值的环境。

NoSQL 数据库不具备弹性、容错性、自管理性和强一致性，不适合云计算、海量数据管理系统的目标设计。

3. 内存数据库

在旅游业务中，有些业务需要快速响应，如客流实时预警、交通预警、热点信息（微博、论坛）等，但面对海量信息，传统的关系型数据库在实现这些业务时，性能和效率不尽如人意。关系型数据库由于需要从磁盘存取、内外存的数据传递、缓冲区管理、排队等待及锁的延迟等，其事务实际平均执行时间与估算的最坏情况执行时间相差很大。而内存数据库将整个数据库或其主要的"工作"部分放入内存，使每个事务在执行过程中没有输入和输出端口，从而便于系统较准确地估算和安排事务的运行时间，使之具有较好的动态可预报性，数据处理速度比传统数据库的数据处理速度要快很多，一般都在10 倍以上。内存数据库主要存储需要快速得到结果的即席查询、分析、挖掘和需要快速响应的事务处理。

4. 分布式文件系统

各行各业所产生的数据资源，涉及海量的结构化数据和非结构化数据，传统的集群模式已经不能管理和存储这样的海量数据，而分布式文件系统可以管理 PB 级的数据，可以存储、管理上百万级文件，而且存储容量可以线性扩展。分布式文件系统将一个文件分为多个数据块，分别存储在多个节点上，通过任务调度模块，将一个大的任务分解到多个节点上执行，这样可以大大提升系统的计算、传输等性能。

前三种存储方式显然不能适应大数据的存储，分布式文件系统更适合海量结构化和非结构化的大数据存储，因此采用分布式文件系统来存储大数据相对更适宜。

（二）数据清洗

数据清洗是指数据采集过程中，对数据进行清洗处理，发现并纠正数据文件中可识别的错误的最后一道程序，主要包括数据一致性检查、处理无效值和缺失值、重复数据删除、空值填充、统一单位、是否标准化处理、清理无必要变量、逻辑错误检查、是否引入新的计算变量、是否排序处理、是否进行主成分和因子分析等，并生成数据清洗报告，供用户参考，主要数据问题有如下几方面。

（1）残缺数据。这一类数据主要是一些应该有的信息缺失，如旅行社的名称、酒店的名称、游客的住宿信息缺失等。将这一类数据过滤出来，按缺失的内容分别写入不同

Excel 文件发给填报单位，要求在规定的时间内补全。补全后重新写入数据仓库。

（2）错误数据。这一类错误产生的原因是业务系统不够健全，在接收输入后没有进行判断就直接写入后台数据库，如邮编输写成电话号码、日期格式不正确、日期越界等。同样此类数据也需要分类，对于邮编输写成电话号码的问题，可以通过写 SQL 语句判断位数的方式找出，然后要求各行业、企业在业务系统修正之后抽取。日期格式不正确或者是日期越界这类错误会导致数据从来源端经过 ETL 至目的端的过程运行失败，这一类错误需要在业务系统数据库中用 SQL 语句挑选出，交给业务主管部门要求限期修正，修正之后再抽取。

（3）重复数据。对于这一类数据，将重复数据记录的所有字段导出来，让客户确认后，再做处理。

数据清洗是一个不断反复的过程，不可能一次或几次完成，只能不断地发现问题、解决问题。对于过滤掉的数据，写入 Excel 文件或者将过滤数据写入数据表，可以每天向业务单位发送过滤数据的邮件，将被清洗掉的数据交给业务单位，由业务单位进行完善、修正之后，再次抽取，同时也可以作为将来验证数据的依据。数据清洗最重要的一点是不要将有用的数据清洗掉，对于每个过滤规则需认真进行验证，并同用户确认。

（三）数据挖掘

数据挖掘是以查找隐藏在数据中的信息为目标的技术，是应用算法从大型数据库中提取知识的过程，这些算法确定信息项之间的隐性关联，并且向用户显示这些关联。

数据挖掘的实际增效也是我们在进行大数据价值挖掘之前需要仔细评估的问题，并不见得所有的数据挖掘计划都能得到理想的结果。首先需要保障数据本身的真实性和全面性，如果所采集的信息本身噪声较大，或者一些关键性的数据没有被包含进来，那么所挖掘出来的价值规律也就大打折扣；其次也要考虑挖掘的成本和收益，如果对挖掘项目投入的人力物力、硬件软件平台耗贵巨大，项目周期也较长，而挖掘出来的信息对于企业生产决策、成本效益等方面的贡献不大，那么片面地相信和依赖数据挖掘的威力，也是不切实际和得不偿失的。

大数据分析挖掘的主要目标功能有以下几个。

1. 分类

运用数据挖掘分类技术建立分类模型，对于没有分类的数据进行分类。例如，景区分类为 5A、4A、3A、2A。

2. 估计

给定一些输入数据，通过估值，得到未知的连续变量的值。估计与分类有些类似，不同之处在于分类描述的是离散型变量的输出，而估计处理连续值的输出；分类的类别是确定数目的，估计的量是不确定的。

3. 预测

通过分类或估计得出的模型用于对未知变量的预测，以往需要进行大量手工分析的问题如今可以迅速直接地由数据本身得出结论。

例如，在线预订景区 A 门票的游客，经常会同时预订酒店 B，也就是说景区 A 与酒店 B 存在关联规则。再有游客准备预订景区 A 门票的时候，系统就可以预测出同时预订酒店 B 的概率是多少。

4. 关联分析

数据关联是数据库中存在的一类重要的可被发现的知识，若两个或多个变量的取值之间存在某种规律性，就称为关联。关联分析旨在找出具有强相关关系的几个属性。典型案例是啤酒和尿布的关联分析，关联分析经常用在电子商务的产品推荐中。

5. 聚类

数据库中的一些相类似的记录可以划归到一起，即聚类。聚类常常帮助人们对事物进行再认识。在社交网络分析中经常用到聚类技术。例如，将购买长隆主题乐园门票的游客聚集在一起，就会发现一些共同的特征。

数据建模是对现实中各类数据的抽象组织，确定数据库所管辖的范围、数据的组织形式等直至转化成现实的数据库。建模时通常会执行多次迭代，选择合适的模型算法，运行多个可能的模型，然后再对这些参数进行微调以便对模型进行优化，最终选择出一个最佳的模型。每种模型算法都有各自的优劣性，我们可以针对不同的应用场景选择合适的算法模型进行大数据分析挖掘。

（四）数据应用

我国电子政务网覆盖所有的国家机关、省级机关，一般地市覆盖达到 90%，区县达到 80% 左右。从技术层面来讲，打破信息孤岛的共享交换平台的技术支撑已经具备，建立信息共享机制，健全信息共享制度，只有从技术和制度两个方面下手，才能从根本上解决信息孤岛的问题。政府的数据共享平台应预留出与企业间的数据接口，可以通过数据交换、数据购买两种形式来获取企业数据，对已获取的数据进行整合、加工后有选择地提供给企业使用，不断扩展数据来源和获取方式。

有了大量的数据后，下一步就要分析这些数据，希望通过数据应用从这些数据中得到我们想要的结果，数据应用是在合适的数据挖掘技术下建立数据模型，找出蕴藏在大数据下的客观规律。数据业务模型是数据应用的基础，是用户需求与大数据之间的纽带。通过业务模型，可以使隐藏在大数据背后的价值体现出来，同时找到解决业务问题的方法，如图 4-1 所示。

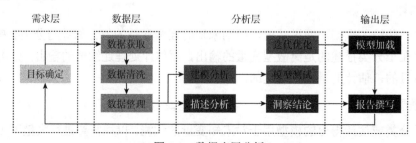

图 4-1 数据应用分析

业务模型从创建到最终结果前端展示，需要不断地修正、优化。通过与实际运行情况进行对比，存在误差时及时修改模型、调整参数、检验数据，提高准确性，此过程需要深入了解影响业务、技术的细节，通过实际运行观察，逐步完善。

大数据平台运行过程中，业务需求和数据源都会不断地发生变化。业务需求的变化会影响数据源的涉及面以及数据模型的分析维度，也有可能涉及业务模型的参数改变；而数据源的变化会影响数据抽取算法的正确执行，从而影响数据模型的前端正常展示。大数据平台的运营就是要时刻关注这些变化，有针对性地调整业务模型和前端展示，对业务需求的变化做到随时响应，如图4-2所示。

例如，用户画像的数据模型可以概括为以下公式：用户标识＋时间＋行为类型＋接触内容，一个游客在什么时间、什么地点做了什么事，会打上不同的特征标签。简单地说，一位游客在国庆节前，在某网站购买了一张亲子套票，这位游客就可被打上亲子标签；另一位游客在预订酒店时特别关注酒店是否有停车位，这位游客就可以被定义为自驾游。

图4-2　业务模型

第三节　数据管理问题与解决思路

一、数据管理问题

省、市、区县政府部门，涉旅企业等缺少统一的数据统计标准及共享机制。政府部门与涉旅企业之间数据提报和统计流程烦琐，区县企业将数据提报给区县政府部门，区县政府部门再提报给市政府部门，市政府部门再提报给省政府部门，增加了人为干扰因素。同时，涉旅企业与政府部门之间数据统计标准不统一，数据在利用时还需重新整理，增加工作量。此外，数据不能实现共享，区县政府部门的数据都是单独存在的，即便是区县的数据要汇总到市政府部门，区县之间也是无法实现数据共享的，这导致系统中存在大量的数据冗余。

二、数据管理问题解决思路

数据管理的功能包括数据维护、数据规则、分发等主要功能以及数据模型定义、流程管理、服务注册、监控、统计分析等功能，通过这些功能保证数据的准确性，并提供一些数据变更的跟踪、分析操作。

（一）数据维护管理

数据申请、审批和发布；支持ETL功能提取多个来源数据/参考数据文件或表单，并将数据装入主数据库；支持其他系统通过服务的方式调用数据变更申请。

（二）数据变更管理

跟踪数据随时间发生的变化，能够重建历史报告的前期状态，并提供相关的查询。

（三）数据审核管理

定期对数据进行核对、发布，保证各个系统和主数据的数据是一致的。需要提供数据同步与复制功能，支持数据管理系统对每个关联系统的调整。

（四）数据业务规则管理

支持主数据建立唯一的数据规则检查，如对客户是否有效的检查规则等，如果是非法的数据就不能进入数据。

（五）系统监控

数据的日志查询、数据监控等。

（六）数据模型管理

定义数据结构、属性，是数据的元数据管理，数据模型是可以自定义的，便于未来的扩展。

（七）数据流程管理

定义数据的业务流程，整合不同的系统，定义服务的调用，其他的系统所需要做的只是提供服务供数据调用或者调用数据。调用哪个服务、什么时候调用等，由数据管理平台实现。

（八）数据服务注册管理

对相关系统的服务授权、注册管理，支持根据数据管理流程中配置的角色定义角色的访问权限。

（九）信息发布管理

信息编辑、信息发布，信息以服务的方式提供，可以由其他的信息发布系统进行信息发布，如短信平台、邮件系统等。

（十）综合查询

数据查询、数据历史查询等，提供数据各种状态、变更的一些统计分析的报表。

（十一）系统管理

用户管理、权限控制等。

第四节　数据安全问题与解决思路

一、数据安全问题

大量数据集中在一起，将有机会利用这些数据来达到提高收益的目的，然而数据的利用价值越高，安全性问题就越重要。一方面，从安全的角度考虑，将所有的数据存储在同一个地方，使得保护数据变得更加简单；另一方面，这也方便了黑客，他们的目标变得更有诱惑力。大数据在传输过程中由线路故障导致整条链路不可用、数据被拦截、传输前后文件不一致；数据存储物理设备故障造成数据不可用或不完整、数据被盗或泄露；数据在使用过程中要保证数据能被正常使用和查询，还要保障数据不被非法访问和窃取，这些都是大数据应用过程中不可忽视的安全问题。

二、数据安全问题解决思路

通过对数据中心系统的风险分析及对需要解决的安全问题的分析，我们需要制订合理的安全策略及安全方案来确保数据在传输、存储和使用过程中的可用性、机密性、完整性、可控性与可审查性，即安全管理五大目标：可用性，授权实体有权访问数据；机密性，信息不暴露给未授权实体或进程；完整性，保证数据不被未授权修改；可控性，控制授权范围内的信息流向及操作方式；可审查性，对出现的安全问题提供依据与手段。

下面分别从数据传输、数据存储、数据使用、审计系统自身和服务五个角度对如何实现系统安全五大目标做详细阐述。

（一）数据传输安全技术

1. 数据传输可用性

为保证传输网络可用性，云数据中心与各级政府部门之间租用的电信运营商专线应采用多链路冗余技术，避免单线故障导致整条链路都不可用。同时对于最重要的云数据中心的下联口，应采用多运营商冗余互备模式，并合理规划好到各地市之间的网络带宽限额，避免带宽争用。

为保证设备可用性，对于各单位之间互联使用的交换机、路由器，应全部采用双设备冗余部署机制，避免关键网络设备因出现故障导致的线路中断。

2. 数据传输机密性

1）网络安全域规划

云数据中心通过 DMZ（demilitarized zone，隔离区）与行业专线互联，实现到各级政府部门的通信主干网络。DMZ 到各单位自身的内部网络需要对访问权限做细粒度的精细化控制，权限控制至少细化到端口级，建议同时具备通信行为审查能力。如采用传统防火墙＋应用防火墙（web application firewall，WAF）。

2）网络安全通道的建设

云数据中心的网络专线采用 IPSec 通道加密技术，在通道两端分别部署基于各行各业 CA（certification authority）证书的加密机对传输通道进行加密，确保数据经过运营商专线时的机密性。

3）传输协议的选择

采用安全性较高的传输协议保障数据传输的机密性，避免使用明文传输的 FTP（file transfer protocol，文件传输协议）和没有传输加密的 HTTP（hyper text transfer protocol，超文本传输协议），建议改用安全性更好的 HTTPS（hyper text transfer protocol secure，超文本传输安全协议）并使用强制双向 CA 认证机制来提升数据通信安全。而对基于应用中间件的传输协议，采用加密的 MQ（message queue，消息总线）通道进行数据同步。

4）移动设备安全访问的保障技术

移动设备的客户端首先与服务器建立安全的 SSL（secure sockets layer，安全套接字层）通道，其他用户认证以及数据通信全部基于此安全通道进行传输。

移动设备通过标准浏览器，以 HTTPS 的方式访问系统服务，并强制双向认证以保证通信安全。

移动设备访问系统时采用双因素认证技术，除同时具备用户密码和动态验证码之外，还可以考虑数字证书和短信确认等多途径进行身份认证。

3. 数据传输完整性

数据传输完整性保障需要针对传输协议采用以下不同的保障措施。

1）ETL 抽取的完整性保障

对于使用 ETL 抽取的数据，应用中应具备完整性检测程序对每次抽取的数据进行检查。

2）Q 复制和应用采集完整性保障

Q 复制中的 MQ 通道建立不允许采用主机信任的无验证方式，应使用用户名＋复杂密码的验证方式，并建议同时采用证书认证强化队列安全。

基于 Q 复制的采集端主机，应对存放 MQ 通道队列文件和日志文件的目录进行严格的权限控制与加密处理，只允许 Q 复制进程对文件的完全访问，并防止用户直接查看和修改未传输完成的数据信息，加密处理可以使用操作系统自带的加密文件系统，如 ETS（electronic text services，电子文本服务）。

3）行业 ESB 传输完整性保障

ESB（enterprise service bus，企业服务总线）采用基于行业自建 CA 系统的双因素证书认证的 HTTPS 协议进行企业服务总行的部署，确保数据通信完整性。

4）文件型数据传输的完整性保障

对于文件型数据的传输，应避免使用安全性较差的 FTP 协议，建议改用安全性更高的 FTE（frame timing estimation，帧时间估计）方式，并对传输前后的文件型数据进行 MD5/SHA1 算法对比验证，确保传输前后文件的一致性。

4. 数据传输可控性

1）传输带宽的控制

云数据中心和其他单位采用的互联专线带宽，实行有效的带宽控制和使用情况监控。采用交换设备的 QoS（quality of service，服务品质）技术合理控制各省（区、市）之间的传输带宽，避免各单位带宽争用和数据传输期间影响数据查询的正常操作。

2）传输异常的控制

无论采用哪种数据传输方式，都需要对数据传输过程进行有效监控，对于传输过程中出现的异常进行及时处理，若重试多次后仍不能正常传输，系统就需具备能够及时通知相关系统管理员的能力。

5. 数据传输可审查性

安全审计是识别与防止网络攻击行为、追查网络泄密行为的重要措施之一。其具体包括以下两方面的内容。

一是采用网络监控与入侵防范系统，识别网络各种违规操作与攻击行为，即时响应（如报警）并进行阻断。

二是对信息内容的审计，可以防止内部机密或敏感信息的非法泄露。

1）网络层对数据包传输的审查

安全审计系统必须对多个层面的网络互联设备进行数据包传输审查，监控范围包括网络中每一次数据交互动作。审计对象包括网络接入的防火墙、路由器和交换机。

2）应用系统中对数据传输调度的审查

应用系统需要对每次数据同步、数据抽取、数据上传、数据提报等大批量数据操作动作进行详细记录，无论调度成功或失败，都能将记录详细保存。应用系统应为审计系统提供接口，实时将记录写入审计系统数据库，以备审查。

（二）数据存储安全技术

1. 数据存储可用性和完整性

1）物理环境保障

要保证数据的可用性，首先要确保存放数据的硬件环境可靠性，应重点确保以下几个因素：温度适宜、适度控制、防火、防水、防潮、防雷击、防静电、防电磁辐射和防盗等。

2）多路电源保障

突然断电对于磁盘存储系统的危害是巨大的，越是高端存储，就越容易在突然断电事故中严重破坏数据。所以高端存储通常都具备冗余电源技术，同时要求机房环境的 UPS（uninterruptible power supply，不间断电源）系统必须配备独立的双路输出以有效保护数据安全。

3）磁盘冗余保障

通过使用 RAID（磁盘阵列）技术，可有效避免单块磁盘损坏导致数据丢失的情况，同时在磁盘阵列中规划适量的热备盘（hot spare），可以实现在磁盘损坏导致磁盘阵列组不完整的情况下，由存储自动选择热备盘来顶替损坏的磁盘，进一步提高存储数据的可用性和完整性。

4）多存储系统

为预防磁盘阵列系统整体故障，影响到核心数据库系统运行，建议对重要的数据存储采用本地镜像部署，即采购两台相同的磁盘阵列，通过存储级别的数据同步技术，确保任何一台存储整体出现故障，都不影响数据的正常访问。

5）异地灾备保障

异地容灾系统已成为目前各种信息系统的最高级别可用方案，基于数据中心的容灾方案最常见的有以下两种方式。

一是基于硬件的容灾技术。实现方式：通过购买两套相同的或者互相兼容的、具备远程数据同步的存储系统，中间通过裸光纤或者租用的专线作为传输通道，进行同步或者异步的数据自动同步。

特点：速度快，性能好，对上层应用透明，可以实现存放在存储上的任何类型数据的异地灾备。具备重复数据删除和压缩技术，对传输带宽要求低，维护相对简单，但成本较高。

二是基于应用的容灾技术。实现方式：通过软件内置的功能或第三方软件实现数据自动同步，如 Oracle DataGuard、Oracle GoldenGate、DB2Q 复制、SQL 复制、MySQL 远程复制等。

特点：成本低，实现容易，并且灾备系统处于运行状态，可以为主机房应用分摊一定的系统压力，但维护成本较高，并且仅适用于有限的数据库产品。

2. 数据存储机密性

1）数据存储加密

对于文件型数据使用加密文件系统（如 EFS）进行存放，可有效预防磁盘被盗造成数据泄露。目前主流的服务器操作系统都具备加密文件系统功能，并且对用户和程序的访问透明。

对于数据库，可以采用加密表空间的方式对重要的系统表进行加密存储，如果数据库本身不支持表空间加密功能，可以把重要表空间存放在加密文件系统中，或者部署在支持硬件加密的磁盘阵列上来达到对表空间加密存储的功能。

目前高端的磁盘阵列都具备硬件级的数据加密能力，相对于前两种加密手段，硬件加密的优势在于不依赖服务器的 CPU 资源，对数据存取的 I/O 性能影响最小，并且对上层所部署的应用完全透明。

数据和文件加密的范围应至少包括以下几个层面：①前置机共享数据库部分。②核心业务数据库的关键数据表空间。③财务系统部分。

2）数据库访问安全

禁止把数据库管理员账户（如 DB2 的 db2inst1 或者 Oracle 的 system、sys 等）直接作为创建和使用应用数据账户，必须单独为应用系统创建独立账户来连接和使用数据库系统。

为其他需要的业务系统权限创建独立的数据接口账户，严禁使用应用数据账户或管理员账户做数据库接口账户。

遵循最小权限的原则，严格控制应用数据用户对数据库的访问权限。

启用密码防穷举机制，防止密码被暴力破解，如当检测到连续输入错误密码超过 5 次，立即锁定账户。

对于 B/S（browser/server，浏览器/服务器）模式的信息系统来说，访问数据库的 IP 地址都是相对固定的几台应用服务器，建议启用数据库防火墙功能，限制能够直接连接数据库的 IP 地址范围。

禁用或删除数据库内置的与业务无关的默认账户（如 Oracle 的 scott）。

3）文件型数据访问

对于文件型数据的访问安全重点从操作系统和文件系统两个角度考虑。

严格控制操作系统用户的账户权限安全。在操作系统中部署安全加固系统，如 SSR（server side render，服务器渲染），实现 OS（operating system，操作系统）内核级别的三权分立，可确保即使是最高管理员用户或进程也无权访问其他系统用户的私有数据。

对于重要的文件系统目录进行防篡改设置，并能够在程序更新期间临时挂起，待更新完毕后重新启动防篡改保护。

定期扫描文件系统的权限设置，不允许出现具有 777 权限的文件或无属主文件。

4）数据备份和恢复安全

数据库备份必须采用加密参数，使备份产生的文件内容加密。

数据库如果不支持加密备份，必须对写入备份文件的文件系统进行加密，并同时在备份完成后，用第三方软件（如 TrueCrypt、RAR 等）进行文件加密转储，转储成功后，立即安全删除未加密的原备份文件。

数据库异机恢复时，必须确保目标数据库有足够的安保措施，防止恢复后的数据外泄。

3. 数据存储可控性

对于通过数据库访问用户权限做控制，如控制源 IP 地址范围，可有效实现数据存储可控性。

从应用层有效控制用户连接数据库的行为比较有利的方法是配备数据库防火墙（database firewall，DBFW）。数据库防火墙采用了创新性 SQL 语法分析技术，检查发往数据库的 SQL 语句，并根据预先制定的政策决定是否让某 SQL 语句通过以及是否记录、禁止或取代某 SQL 语句，可以有效避免恶意查询或者 SQL 注入等具有危害性的使用行为。建议对数据中心系统和财务系统部署数据库防火墙防护。

根据业务特点，按时间控制用户对数据的查询权限，如每天凌晨 2：00～5：00 是数据库备份时间，禁止一切用户和应用连接数据库的行为，提高数据库备份的效率和成功率。

4. 数据存储可审查性

启用数据库内置的审计功能，对用户的所有连接行为进行审计。

从操作系统和数据库防火墙层面启用审计功能,对所有连接数据库服务的行为进行审计。

从数据库服务器接入的最后一级网络交换机启用审计功能,对所有连接数据库服务的行为进行审计。

所有审计结果保留6个月,并实时同步到审计系统数据库,而不是保留在审计对象设备内部,杜绝破坏者自行毁灭证据。

(三)数据使用安全技术

1. 数据使用可用性

要保证数据能被正常使用和查询,首先要保证提供数据的应用系统的高可用性,具体的技术手段如下。

对应用采用水平+垂直方式部署,即每个节点至少部署4个应用实例,同时多台应用服务器水平横向扩展安装部署,既充分保障每台服务器的资源利用率,也解决了单台服务器单点故障和随用户量增加,系统压力增大后的配置扩容问题。

对应用集群统一入口设备做硬件级双机热备,避免单台设备故障导致整个系统无法使用。需要对应用程序进行升级更新时,采取部分停机、滚动升级的规范进行操作,避免应用全部停机给用户使用数据查询造成不便,降低系统的可用性。

对于部署了灾备机房的系统,要同时在灾备机房部署对应版本的应用系统,并每年至少演练一次灾备切换实战,确保灾备系统的完全可用。保障在真正出现灾难需要切换时,人员的切换操作流畅。

系统中应具备对应用服务器资源利用率监控的能力,当CPU、内存占用较高或者文件系统即将写满之前,及时给系统管理员发送提醒,避免这些原因导致系统不可用。

2. 数据使用机密性

保证数据使用机密性包括两部分内容:一是用户登录身份认证;二是数据使用过程中的抗抵赖。

实现这两部分内容,都是基于数据中心的CA系统。

用户身份认证是数据中心系统使用中最首要的安全控制环节。它要解决用户身份的认证、权限的控制、登录时间的限制、专机与用户的绑定、审计日志的记录与查询等一系列安全问题。用户级安全实现以下安全保障。

(1)保证使用系统的用户本身是可信的、安全的。

(2)保证用户所做的操作是可查的、可被管理员限定的。

(3)保证用户所访问的数据是可控的、可被管理员限定的。

1)数字证书登录

登录时,数据中心系统在建立的单向SSL安全会话通道中,根据用户证书(U-Key)去寻找对应的用户,并赋予相应的用户角色和权限,保障用户能够正确访问该访问到的数据。

2）数字签名

数字签名应用在业务系统中不是为了防止有非法企图的人尝试入侵系统和篡改数据，而是为了防止数据被篡改以后依然能够被继续成功执行而不被发现。在业务系统中应用的数字签名的效力等同于纸制文件盖章或签名，以防止用户抵赖曾经批准的业务或发出的指令，并且该技术受到法律的保护和认可。基于业务逻辑复杂程度、服务器压力、重要业务数据不可被篡改、防止抵赖的考虑，需要分析业务系统中哪些业务数据需要签名。

3. 数据使用完整性

对于数据使用的完整性，主要可采取以下几方面措施。

（1）定期对系统进行安全扫描，及时发现系统程序漏洞，预防缓冲区漏洞、SQL 注入、跨站攻击等隐患的出现。

（2）使用专业软件或设备，对数据中心系统源代码进行全面的脆弱性检测，有效预防代码级漏洞或者后面带来的威胁。

（3）合理确定完善的系统测试、升级操作步骤，保障系统程序版本的完整。

（4）对重要的配置文件和程序目录部署防篡改系统，防止程序和配置文件被非法更新或修改。防篡改可以采用采购硬件设备（如 WAF），也可以使用防篡改软件（如 iGuard）。

4. 数据使用可控性

对于重要的数据查询模块，限制一次查询的结果集输出量，并禁止数据导出和限制浏览器另存的功能。确保数据只能在有限的主机上做浏览查看操作。

通过采用基于行业 CA 系统的用户数字签名技术，对用户的关键操作进行控制，提高系统使用的抗抵赖能力。

5. 数据使用可审查性

各类用户在数据中心系统中的操作行为应当可审计、可追踪，应用开发商应当提供用户操作审计模块，所记录的日志格式和内容应包括登录时间、源地址、用户身份和详细操作内容等。

要求审计记录信息在审计系统中至少保存 3 个月，并且能够提供灵活的查询和报表管理功能。

（四）审计系统自身安全技术

审计系统通过对业务访问行为进行解析、记录、分析、汇报，以帮助用户事前规划预防、事中实时监视、违规行为响应、事后合规报告、事故追踪溯源，加强内外部网络行为监管、促进数据中心核心业务系统的正常运营。但审计设备本身的安全以及审计设备在网络部署中的特殊地位，也是一个安全隐患。如何保护审计数据和保证审计设备的自身安全，也是安全建设中需重点考虑的问题。

针对审计系统安全，至少应做到如下几点。

（1）审计系统只提供低权限的网络管理功能，或者不提供网络远程管理功能。

（2）设备网络协议限制。在接入审计设备的交换机中进行访问限制，只允许审计对象与审计系统进行单向数据交互。

（3）审计设备在机房的安装机柜中不做明显标签，做到最少人知道审计设备的确切位置。

（4）审计数据多重备份。审计设备的数据除保存在自身存储外，还应做多份外部存储副本，确保审计数据安全。

（五）服务安全

数据服务总线实现对数据服务的全生命周期不同阶段安全管理，包括授权管理、身份鉴定和访问控制、安全审计等。

1. 授权管理

系统提供了管理员、开发者、使用者等多种权限级别的用户管理，满足中心和下属部门的两级权限管控的管理需要，如系统管理员只能设置本单位及下属单位的用户；可以对不同的使用者分项授权，对运行服务器、数据库连接、服务、流程、整合服务等分项授权，权限包括执行权、编权、读取权，满足系统级、数据库级、软件功能级、记录级和字段级等多级别的安全控制需要。图4-3所示为用户授权定义。

图4-3　用户授权定义

2. 身份鉴定和访问控制

访问时做身份的鉴定和相应权限的访问控制。用户登录首先做连接的安全认证和身份的鉴定，如果任何一项没有通过，系统都会拒绝被访问。

数据服务使用时的执行权限鉴定，当应用程序通过 Web Service 方式、API 方式、事件等方式使用数据服务时，只有通过权限鉴定后，数据服务才能被调用。

3. 安全审计

系统提供较完善的日志管理，能详细记录各用户（含系统管理员）在系统中的操作情况，包括查看访问者访问的运行引擎，每个引擎上相应的访问业务处理列表，每个访问业务处理涉及的数据源、数据目标、处理行数、文件访问及相应的传输情况等。

第五章

以业务整合为导向的大数据技术应用模式

第一节 用户画像

一、用户画像概述

用户画像，简单来说就是通过一系列简短、精练、易识别的语言来描述一个人或物。例如，李医生，性别，女；职业，医生；年龄，30多岁；婚姻状态，未婚；收入情况，高。我们可以从自己关注的不同角度去理解或解读，但是要强调一下，用户画像不是一个数学问题，也不是技术问题，它实际上是一个业务问题，关键在于我们希望从哪些角度去了解我们的用户，这是跟我们的目的相关的。

如图 5-1 所示，我们想关注某女性用户，那关注点可能是婚姻情况、恋爱情况、喜欢吃什么、有什么爱好；如果我们希望给她推荐化妆品，关注点可能就是皮肤是不是敏感、油性还是干性。关键还是业务问题，用户画像的实现更多是技术问题，主要是给用户打标签。

图 5-1 用户画像

从逻辑上说，用户画像是从具体的业务场景出发，结合数据表现，归纳出基准的规则或方法，然后通过反复迭代的学习过程，生成符合既定约束条件的最优化方案，最后把此方案泛化推广到类似的场景中去。很多时候用户画像都是从一个具体品类的业务场景或需求出发，有一些业务人员运营经验很丰富，结合对他们经验和需求的访谈，工程师会把业务语言抽象出来，结合数据语言转化成通用的技术语言，然后用他们神奇的大脑和给力的大数据平台生产出符合需求预期的结果，经过业务人员反复验证有效后，这个画像就宣告成功，然后，工程师会再次驱动其神奇的大脑，将此画像推广到具体应用中去，这种从群众中来、到群众中去的方法，由于其敏捷、高效、快速迭代的优点，产生了一大批性能优良的产品。

当然，对于一些用户画像基本属性，由于其对所有品类或场景的通用性较强，工程师会跳过单品类测试，直接针对全站用户建模，效果也非常好。

具体应用以电商企业京东商城为例。用户画像应用服务支持京东集团全业务需求，其下游面向不同类型不同需求的人群，他们需求各不相同，从技术方案到使用方法也千差万别，因此有必要采取体系化多层次服务平台进行支持。对于公司内部，针对研发、采销、市场、客服、物流等各体系不同需求分别采取统一数据仓库、数据接口服务、产品化平台多种服务方式提供支持，针对各业务线需求场景不同，人员经验也不尽相同，用户画像的平台化给内部使用人员打造切合自身业务场景和使用经验的操作：对经验丰富的使用者提供更深入、综合参考并可自主定制或二次开发；对经验较浅的用户提供数据之外还培养其分析意识；对新手用户则可建立数据化分析运营的意识与习惯；对外部用户的支持力度也在逐步放开、加大，如 POP（卖点广告）商家，可以满足商家针对自身店铺的个性化定制需求，并结合各种营销方式提供一站式服务解决方案。

在京东用户行为日志中，每天记录着数以亿计的用户来访及海量行为，通过对用户行为数据进行分析和挖掘，发掘用户的偏好，逐步勾勒出用户的画像。用户画像通常通过业务经验和建立模型相结合的方法来勾画，但有主次之分，有些画像更偏重于业务经验的判断，有些画像更偏重于建立模型。

业务经验结合大数据分析为主勾画的人群。此类画像由于跟业务紧密相关，更多的是通过业务人员提供的经验来描述用户偏好。举个例子，如根据业务人员的经验，基于客户对金额、利润、信用等方面的贡献，建立多层综合指标体系，从而对用户的价值进行分级，生成用户价值的画像。一方面产品经理可以根据用户价值的不同采取针对性的营销策略；另一方面通过分析不同价值等级用户的占比，从而思考如何将低价值的用户发展成高价值的用户。

再如，通过用户在下单前的浏览情况，业务人员可以区分用户的购物性格。有些用户总是在短时间内比较了少量的商品就下单，那么他的购物性格便是冲动型；有些用户总是在反复不停地比较少量同类商品后才下单，那么他的购物性格便是理性型；有些用户总是长时间大量地浏览很多商品后才下单，那么他的购物性格便是犹豫型。对于不同购物性格的用户，可以推荐不同类型的商品，针对冲动型用户，直接推荐给他最畅销的同类商品，而向理性型用户推荐口碑最好的商品。并且针对每一个用户，可根据其购物性格定制个性化的营销手段。

以建立模型为主勾画的人群。我们不能认为买过母婴类用品的用户家里就一定有小孩，因为这次购买很有可能是替别人买或者送礼物，所以我们要判断这个用户所购买的母婴类用品是否是给自己买。根据用户下单前浏览情况、收货地址、对商品的评价等多种信息建立模型，最终判断出用户家庭是否有小孩。再根据购买的商品标签，如奶粉的段数、童书适应年龄段等信息，建立孩子成长模型，在孩子所处不同的阶段进行精准营销。

京东拥有齐全的品类，各品类间用户转化成为其业务的一个重点。挖掘一个品类的潜在用户，首先要找出此品类已有的用户，然后通过这些用户的行为、偏好、画像等信息对用户细分，挖掘其独有的特征，最后通过这些特征建立模型，定位该品类的潜在用户。

具体来讲，当为用户画像时，需要进行以下三个步骤。

第一步：数据采集，为用户画像是为了了解用户，因此需要收集用户所有的数据，主要包括静态信息数据、动态信息数据两大类，静态信息数据就是用户相对稳定的信息，如性别、地域、职业、消费等级等，动态信息数据就是用户不停变化的行为信息，如网页浏览行为、购买行为等。

第二步：分析这些数据，给用户打上标签和指数，标签代表用户对该内容有兴趣、偏好、需求等，指数代表用户的兴趣程度、需求程度、购买概率等。

第三步：将这些标签综合起来，我们对用户就有了大概的了解。

京东需要收集的用户数据涵盖基本属性、购买能力、行为特征、社交网络、心理特征、兴趣爱好等，如图 5-2 所示。

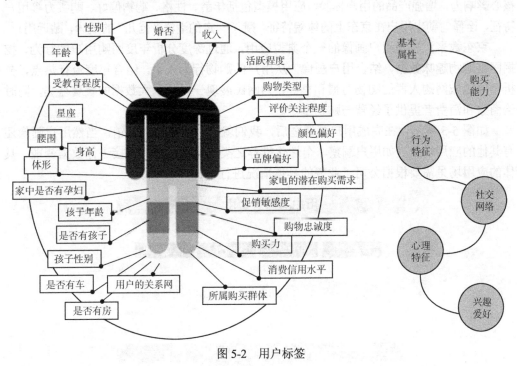

图 5-2　用户标签

二、用户画像的使用

用户画像的服务是针对各服务对象进行区别对待，方便用户使用。

首先，对用户画像的结果进行标准化加工，同步至企业统一平台，解决数据孤岛，方便研发底层调用；其次，按主题建立多维分析的数据仓库，直接面向分析师和工程师；最后，进一步打通上下游关联数据和产品，尤其是大营销平台，这个主要针对产品经理和一线采销人员，他们可以在数据仓库中筛选出预定人群后直接调用营销平台进行发券等操作，减少了诸多中间环节，实现高效运营和精准营销，效率大大提升。其中，多维分析数据仓库是用户画像产品化的出色应用之一，其用户画像的诸多维度和订单、商品、流量等指标的组合可以快速实现智能分析，并可根据数据对比分析提供专业有效的建议，将数据转化成知识和决策供商家使用。

用户画像提供统一数据服务接口供网站其他产品调用，提高与用户间的沟通效率、提升用户体验。例如，提供给推荐搜索调用，针对不同用户属性特征、性格特点或行为习惯在他搜索或点击时展示符合该用户特点和偏好的商品，给用户以友好舒适的购买体验，能很大程度上提高用户的购买转化率甚至使其重复购买，对提高用户忠诚度和用户黏性有很大帮助；将数据接口提供给网站智能机器人（JIMI），可以基于用户画像为用户提供个性化咨询应答服务，如快速理解用户意图、针对性商品评测或商品推荐、个性化关怀等，大幅提升智能机器人智能水平和服务力度，赢得用户欢迎和肯定。

2014年"618"前夕京东通过产品的数据接口服务，将用户画像模型充分应用到产品当中，根据族群的差异化特征，帮助业务部门找到营销机会、运营方向，全面提高产品的核心影响力，增强产品的用户体验。应用模型包括年龄、性格、购物偏好、购买力等用户特征，诠释勾勒出用户在京东上的体貌特征，赋予一定的潮流"范儿"的概念，贴近用户。

京东数聚汇也是用户画像的一个典型应用，通过深度分析年度网购用户的行为，挖掘网络购物趣味数据，结合用户画像，从用户的购物行为入手，结合年度流行热点，分析不同地域网购人群的购物习惯和喜好，为网民展现一场京东大数据的饕餮盛宴，同时给商家和消费者提供了经营与购物参考。

如图5-3所示，在完成用户画像之后，我们就可以用来精准营销，当然用户画像还有其他的应用场景，如用户洞察、个性化推荐之类的应用，或者直接进行数据变现。具体的应用场景需要根据公司、业务的具体情况进行设计。

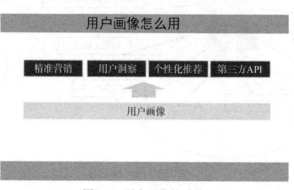

图5-3 用户画像的功能

三、用户画像的价值

一方面海量商品和消费者产生了从网站前端浏览、搜索、评价、交易到网站后端支付、收货、客服等多维度全覆盖的数据体系；另一方面日益复杂的业务场景和逻辑使得信息的处理、挖掘日益重要。在相当长一段时间，很多业务人员经常面对宝山空回的局面，如数据分析师和工程师被业务人员反复追问，为什么我的促销活动做了这么久，力度也挺大，就是没有带来预期用户的增长呢？从用户画像分析来看，很可能是在错误的时间、错误的地点对错误的人做了错误的促销活动。

用户画像就是解决数据转化为商业价值的问题，就是从海量数据中挖金炼银。这些以 TB 计的高质量多维数据记录着用户长期大量的网络行为，用户画像据此来还原用户的属性特征、社会背景、兴趣喜好，甚至还能揭示内心需求、性格特点、社交人群等潜在属性。了解了用户各种消费行为和需求，精准刻画人群特征，并针对特定业务场景进行用户特征不同维度的聚合，就可以把原本冷冰冰的数据复原成栩栩如生的用户形象，从而指导和驱动业务场景与运营，发现和把握蕴藏在细分海量用户中的巨大商机。

现在基本所有的企业都会对客户数据与其他数据做数据分析挖掘和利用，用途（利用方式）各种各样，主流的包括用户实时行为分析、个性化资讯推荐、精准营销、产品分析、产品评价、风险防范支持、个性化客户服务等。而且这些用途还在不断增加，可以说已经到了"只有想不到，没有做不到"的地步。但是在这些花哨的利用方式背后，原理却很相似，主要包括推荐系统、文本挖掘、关联分析等方法。

第二节 推荐引擎

一、推荐引擎的定义

如今已经进入一个数据爆炸的时代，随着 Web 2.0 的发展，Web 已经变成数据分享的平台，如此一来，人们在海量的数据中找到需要的信息将变得越来越难。

在这样的情形下，搜索引擎（如谷歌、百度等）成为人们快速找到目标信息的最好途径。在用户对自己的需求相对明确的时候，用搜索引擎可以很方便地通过关键字搜索很快地找到自己需要的信息。但搜索引擎并不能完全满足用户对信息发现的需求，那是因为在很多情况下，用户其实并不明确自己的需要，或者他们的需求很难用简单的关键字来表述，又或者他们需要更加符合他们个人口味和喜好的结果，因此出现了推荐系统与搜索引擎对应，人们也习惯称它为推荐引擎。

随着推荐引擎的出现，用户获取信息的方式从简单的目标明确的数据搜索转换到更高级更符合人们使用习惯的信息发现。如今，随着推荐技术的不断发展，推荐引擎已经在电子商务（如亚马逊、淘宝网等）和一些基于社交媒体的社会化站点（包括音乐、电影和图书分享，如豆瓣等）取得很大的成功。这也进一步地说明，在 Web 2.0 环境下，面对海量的数据，用户需要这种更加智能的，更加了解他们需求、口味和喜好的信息发现机制。

二、推荐引擎的原理

推荐引擎利用特殊的信息过滤技术，将不同的物品或内容推荐给可能对它们感兴趣的用户。

图 5-4 所示为推荐引擎的工作原理，这里先将推荐引擎看作黑盒，它接受的输入是推荐的数据源，一般情况下，推荐引擎所需要的数据源包括以下几方面。

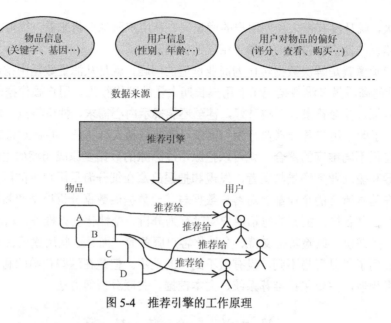

图 5-4　推荐引擎的工作原理

要推荐物品或内容的元数据，如关键字、基因描述等。

系统用户的基本信息，如性别、年龄等。

用户对物品或者信息的偏好，根据应用本身的不同，可能包括用户对物品的评分、用户查看物品的记录、用户的购买记录等，其实这些用户的偏好信息可以分为以下两类。

显式的用户反馈。这类是用户在网站上自然浏览或者使用网站以外，显式提供的反馈信息，如用户对物品的评分，或者对物品的评论。

隐式的用户反馈。这类是用户在使用网站时产生的数据，隐式地反映了用户对物品的喜好，如用户购买了某物品、用户查看了某物品的信息等。

显式的用户反馈能准确地反映用户对物品的真实喜好，但需要用户付出额外的代价，而隐式的用户行为，通过一些分析和处理，也能反映用户的喜好，只是数据不是很精确，有些行为的分析存在较大的噪声。但只要选择正确的行为特征，隐式的用户反馈也能起到很好的效果，只是行为特征的选择可能在不同的应用中有很大的不同，如在电子商务的网站上，购买行为其实就是一个能很好表现用户喜好的隐式反馈。

三、推荐引擎的分类

可以根据很多指标进行推荐引擎的分类，下面介绍主要的几种。

（一）根据推荐引擎是基于大众行为还是个性化

根据这个指标，推荐引擎可以分为基于大众行为的推荐引擎和基于个性化的推荐引擎。

这是一个最基本的推荐引擎分类，其实大部分人讨论的推荐引擎都是个性化的推荐引擎，因为从根本上说，只有个性化的推荐引擎才是更加智能的信息发现过程。

基于大众行为的推荐引擎对每个用户都给出同样的推荐，这些推荐可以是静态的由系统管理员人工设定的，或者基于系统所有用户的反馈统计计算出的当下比较流行的物品。

基于个性化的推荐引擎对不同的用户根据他们的口味和喜好给出更加精确的推荐，这时系统需要了解需推荐的内容和用户的特质，或者基于社会化网络，通过找到与当前用户相同喜好的用户实现推荐。

（二）根据推荐引擎的数据源

这里讲的是如何发现数据的相关性，因为大部分推荐引擎的工作原理还是基于物品或者用户的相似集进行推荐，根据不同的数据源发现数据相关性的方法可以分为以下几种。

根据系统用户的基本信息发现用户的相关程度进行推荐，这种被称为基于人口统计学的推荐（demographic-based recommendation）。

根据推荐物品或内容的元数据，发现物品或者内容的相关性，从而进行推荐，这种被称为基于内容的推荐（content-based recommendation）。

根据用户对物品或者信息的偏好，发现物品或者内容本身的相关性，或者是发现用户的相关性，从而进行推荐，这种被称为基于协同过滤的推荐（collaborative filtering-based recommendation）。

（三）根据推荐模型的建立方式

在海量物品和用户的系统中，推荐引擎的计算量是相当大的，要实现实时的推荐务必先建立一个推荐模型，关于推荐模型的建立方式可以分为以下几种。

基于物品和用户本身的推荐（items and users-based）。这种推荐引擎将每个用户和每个物品都当作独立的实体，预测每个用户对于每个物品的喜好程度，这些信息往往是用一个二维矩阵描述的。由于用户感兴趣的物品远远小于总物品的数目，这样的模型导致大量的数据空置，即我们得到的二维矩阵往往是一个很大的稀疏矩阵。同时为了减小计算量，我们可以对物品和用户进行聚类，然后记录和计算一类用户对一类物品的喜好程度，但这样的模型又会在推荐的准确性上有损失。

基于关联规则的推荐（rule-based recommendation）。关联规则的挖掘已经是数据挖掘中的一个经典问题，主要是挖掘一些数据的依赖关系，典型的场景就是"购物篮问题"。通过关联规则的挖掘，我们可以找到哪些物品经常被同时购买，或者用户购买了一些物品后通常会购买哪些其他的物品，当我们挖掘出这些关联规则之后，我们可以基于这些规则给用户进行推荐。

基于模型的推荐（model-based recommendation）。这是一个典型的机器学习的问题，可以将已有的用户喜好信息作为训练样本，训练出一个预测用户喜好的模型，这样以后用户再进入系统，可以基于此模型计算推荐。这种方法的问题在于如何将用户实时或者近期的喜好信息反馈给训练好的模型，从而提高推荐的准确度。

其实在现在的推荐系统中，很少有只使用一个推荐策略的推荐引擎，一般都是在不同的场景下使用不同的推荐策略从而达到最好的推荐效果，如亚马逊的推荐，它将基于用户本身历史购买数据的推荐和基于用户当前浏览的物品的推荐，以及基于大众喜好的当下比较流行的物品的推荐都在不同的区域展现给用户，让用户可以从全方位的推荐中找到自己真正感兴趣的物品。

（四）推荐机制解析

1. 基于人口统计学的推荐机制

基于人口统计学的推荐机制是一种最易于实现的推荐方法，它只是简单地根据系统用户的基本信息发现用户的相关程度，然后将相似用户喜爱的其他物品推荐给当前用户，图 5-5 给出了这种推荐的工作原理。

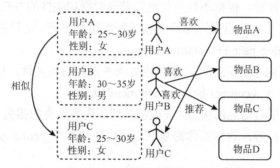

图 5-5　基于人口统计学的推荐机制的工作原理

从图 5-5 中可以很清楚地看到，首先，系统对每个用户都有一个用户轮廓的建模，其中包括用户的基本信息，如用户的年龄、性别等；其次，系统会根据用户的轮廓计算用户的相似度，可以看到用户 A 的轮廓和用户 C 一样，那么系统会认为用户 A 和用户 C 是相似用户，在推荐引擎中，可以称他们是"邻居"；最后，基于"邻居"用户群的喜好推荐给当前用户一些物品，图 5-5 中将用户 A 喜欢的物品 A 推荐给用户 C。

这种基于人口统计学的推荐机制的好处在于：因为不使用当前用户对物品的喜好历史数据，所以对于新用户来讲没有"冷启动"（coldstart）的问题。

这个方法不依赖于物品本身的数据，所以这个方法在不同物品的领域都可以使用，它的使用领域是独立的（domain-independent）。

那么这个方法的缺点和问题是什么呢？这种基于用户的基本信息对用户进行分类的方法过于粗糙，尤其是对品位要求较高的领域，如图书、电影和音乐等领域，无法得到很好的推荐效果，可能在一些电子商务的网站中，这个方法可以给出一些简单的推荐。另外一个局限是，这个方法可能涉及一些与信息发现问题本身无关却比较敏感的信息，如用户的年龄等，这些用户信息不是很好获取。

2. 基于内容的推荐机制

基于内容的推荐机制是在推荐引擎出现之初应用最为广泛的推荐机制，它的核心思想是根据推荐物品或内容的元数据，发现物品或者内容的相关性，然后基于用户以往的喜好记录，推荐给用户相似的物品。

图 5-6 中给出了基于内容的推荐机制的一个典型的例子，电影推荐系统。首先我们需要对电影的元数据有一个建模，这里只简单地描述了一下电影的类型；其次通过电影的元数据发现电影间的相似度，因为类型都是"爱情、浪漫"，电影 A 和电影 C 被认为

是相似的电影（当然，只根据类型是不够的，要得到更好的推荐，我们还可以考虑电影的导演、演员等）；最后实现推荐，对于用户 A，他喜欢看电影 A，那么系统就可以给他推荐类似的电影 C。

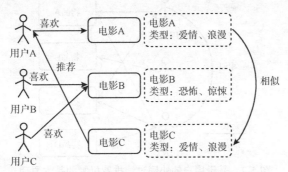

图 5-6　基于内容的推荐机制的基本原理

这种基于内容的推荐机制的好处在于能很好地对用户兴趣建模，能提供更加精确的推荐。但它也存在以下几个问题。

需要对物品进行分析和建模，推荐的质量依赖于物品模型的完整和全面程度。在现在的应用中我们可以观察到，关键词和标签（tag）被认为是描述物品元数据的一种简单有效的方法。

物品相似度的分析仅仅依赖于物品本身的特征，这里没有考虑人对物品的态度。

因为需要基于用户以往的喜好历史做出推荐，所以对于新用户有"冷启动"的问题。

虽然这个方法有很多不足和问题，但它还是成功地应用在一些电影、音乐、图书的社交站点，有些站点还请专业的人员对物品进行基因编码。如潘多拉在一份报告中说到，在潘多拉的推荐引擎中，每首歌有超过 100 个元数据特征，包括歌曲的风格、年份、演唱者等。

3. 基于协同过滤的推荐机制

随着 Web 2.0 的发展，Web 站点更加提倡用户参与和用户贡献，因此基于协同过滤的推荐机制应运而生，它的原理很简单，就是根据用户对物品或者信息的偏好，发现物品或者内容本身的相关性，或者是发现用户的相关性，然后再基于这些关联性进行推荐。基于协同过滤的推荐机制可以分为三个子类：基于用户的推荐（user-based recommendation）、基于项目的推荐（item-based recommendation）和基于模型的推荐（model-based recommendation）。下面我们详细介绍三种协同过滤的推荐机制。

1）基于用户的协同过滤推荐机制

基于用户的协同过滤推荐机制的基本原理是，根据所有用户对物品或者信息的偏好，发现与当前用户口味和偏好相似的"邻居"用户群，在一般的应用中是采用计算"K-邻居"的算法，然后，基于这 K 个邻居的历史偏好信息，为当前用户进行推荐。图 5-7 给出了原理图。

假设用户 A 喜欢物品 A、物品 C，用户 B 喜欢物品 B，用户 C 喜欢物品 A、物品 C 和物品 D；从这些用户的历史喜好信息中，我们可以发现用户 A 和用户 C 的口味与偏好是比较类似的，同时用户 C 还喜欢物品 D，那么我们可以推断用户 A 可能也喜欢物品 D，因此可以将物品 D 推荐给用户 A。

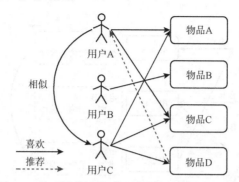

图 5-7　基于用户的协同过滤推荐机制的基本原理

基于用户的协同过滤推荐机制和基于人口统计学的推荐机制都是计算用户的相似度，并基于"邻居"用户群计算推荐，但它们所不同的是如何计算用户的相似度，基于人口统计学的推荐机制只考虑用户本身的特征，而基于用户的协同过滤推荐机制是在用户的历史偏好的数据基础上计算用户的相似度，它的基本假设是，喜欢类似物品的用户可能有相同或者相似的口味和偏好。

2）基于项目的协同过滤推荐机制

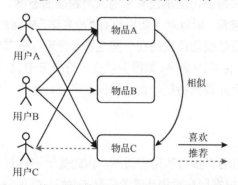

基于项目的协同过滤推荐机制的基本原理也是类似的，它使用所有用户对物品或者信息的偏好，发现物品和物品之间的相似度，然后根据用户的历史偏好信息，将类似的物品推荐给用户，图 5-8 很好地诠释了它的基本原理。

假设用户 A 喜欢物品 A 和物品 C，用户 B 喜欢物品 A、物品 B 和物品 C，用户 C 喜欢物品 A，从这些用户的历史喜好可

图 5-8　基于项目的协同过滤推荐机制的基本原理

以分析出物品 A 和物品 C 是比较类似的，喜欢物品 A 的人都喜欢物品 C，基于这个数据可以推断用户 C 很有可能也喜欢物品 C，所以系统会将物品 C 推荐给用户 C。

与上面讲的类似，基于项目的协同过滤推荐机制和基于内容的推荐机制其实都是基于物品相似度预测推荐，只是相似度计算的方法不一样，前者是从用户历史的偏好推断，而后者是基于物品本身的属性特征信息。

同是协同过滤，在基于用户和基于项目两个策略中应该如何选择呢？其实基于项目的协同过滤推荐机制是亚马逊在基于用户的机制上改良的一种策略，因为在大部分的Web 站点中，物品的个数是远远小于用户的数量的，而且物品的个数和相似度相对比较稳定，同时基于项目的机制比基于用户的机制实时性更好一些。但也不是所有的场景都是这样的情况，可以设想一下，在一些新闻推荐系统中，物品也就是新闻的个数可能大于用户的个数，而且新闻的更新速度很快，所以它的形似度依然不稳定。所以，其实可

以看出，推荐策略的选择和具体的应用场景有很大的关系。

3）基于模型的协同过滤推荐机制

基于模型的协同过滤推荐机制就是基于样本的用户喜好信息，建立一个推荐模型，然后根据实时的用户喜好的信息进行预测，计算推荐。

基于协同过滤的推荐机制是现今应用最为广泛的推荐机制，它有以下两个显著的优点。

第一，它不需要对物品或者用户进行严格的建模，而且不要求物品的描述是机器可理解的，所以这种方法也是领域无关的。

第二，这种方法计算出来的推荐是开放的，可以共用他人的经验，很好地支持用户发现潜在的兴趣偏好。

而它也存在以下两个问题。

第一，这种方法的核心是基于历史数据，所以对新物品和新用户都有"冷启动"的问题。

第二，推荐的效果依赖于用户历史偏好数据的多少和准确性。

在大部分的实现中，用户历史偏好是用稀疏矩阵进行存储的，而稀疏矩阵上的计算有些明显的问题，包括可能少部分人的错误偏好会对推荐的准确度有很大的影响等。

对于一些特殊品位的用户不能给予很好的推荐。由于以历史数据为基础，抓取和建模用户的偏好后，很难修改或者根据用户的使用演变，从而导致这个方法不够灵活。

4. 基于效用推荐

基于效用推荐（utility-based recommendation）是基于用户使用项目的效用情况进行计算的，其核心问题是怎样为每一个用户去创建一个效用函数，因此，用户资料模型很大程度上是由系统所采用的效用函数决定的。基于效用推荐的好处是它能把非产品的属性，如提供商的可靠性（vendor reliability）和产品的可得性（product availability）等考虑到效用计算中。

5. 基于知识推荐

基于知识推荐（knowledge-based recommendation）在某种程度上可以看成一种推理（inference）技术，它不是建立在用户需要和偏好基础上的推荐。基于知识的方法因它们所用的功能知识不同而有明显区别。效用知识（functional knowledge）是一种关于一个项目如何满足某一特定用户的知识，因此能解释需要和推荐的关系，所以用户资料可以是任何能支持推理的知识结构，它可以是用户已经规范化的查询，也可以是一个更详细的用户需要的表示。

6. 组合推荐

由于各种推荐方法都有优缺点，所以在实际中，组合推荐（hybrid recommendation）经常被采用，研究和应用最多的是内容推荐与协同过滤推荐的组合。最简单的做法就是分别用基于内容的方法和协同过滤推荐方法去产生一个推荐预测结果，然后用某方法组合其结果。尽管从理论上有很多种推荐组合方法，但在某一具体问题中并不见得都有效，组合推荐一个最重要的原则就是通过组合后要能避免或弥补各自推荐技术的弱点。

在组合方式上，有研究人员提出了以下七种组合思路。

（1）加权（weight）。加权多种推荐技术结果。

（2）变换（switch）。根据问题背景和实际情况或要求决定变换采用不同的推荐技术。

（3）混合（mixed）。同时采用多种推荐技术给出多种推荐结果为用户提供参考。

（4）特征组合（feature combination）。组合来自不同推荐数据源的特征被另一种推荐算法所采用。

（5）层叠（cascade）。先用一种推荐技术产生一种粗糙的推荐结果，第二种推荐技术在此推荐结果的基础上进一步做出更精确的推荐。

（6）特征扩充（feature augmentation）。一种技术产生附加的特征信息嵌入另一种推荐技术的特征输入中。

（7）元级别（meta-level）。用一种推荐方法产生的模型作为另一种推荐方法的输入。

7. 主要推荐方法的对比

各种推荐方法都有其各自的优点和缺点，见表 5-1。

表 5-1　主要推荐方法的对比

推荐方法	优点	缺点
基于内容的推荐机制	推荐结果直观，容易解释；不需要领域知识	稀疏问题；新用户问题；复杂属性不好处理；要有足够数据构造分类器
基于协同过滤的推荐机制	新异兴趣发现、不需要领域知识，随着时间推移性能提高；推荐个性化、自动化程度高；能处理复杂的非结构化对象	稀疏问题；可扩展性问题；新用户问题；质量取决于历史数据集；系统开始时推荐质量差
基于效用推荐	无"冷启动"和稀疏问题；对用户偏好变化敏感；能考虑非产品特性	用户必须输入效用函数；推荐是静态的，灵活性差；属性重叠问题
基于知识推荐	能把用户需求映射到产品上；能考虑非产品属性	知识难获得；推荐是静态的

第三节　物流配送路径问题

一、配送路径解决原理

随着互联网的深入应用，网购越来越普遍，快递配送也成为最常见的现象。对于网购物流配送来说，在数学模型上是典型的旅行商问题（traveling saleman problem，TSP），旅行商问题又译为旅行推销员问题、货郎担问题，是最基本的路线问题，该问题是在寻求单一旅行者由起点出发，通过所有给定的需求点之后，最后回到原点的最小路径成本。旅行商问题在物流中的描述是对于一个物流配送公司，欲将 n 个客户的订货沿最短路线全部送到，应如何确定最短路线。

旅行商问题的解决思路并不复杂，但当网购人数多，就会产生非常多的可能，因此必须使用 Hadoop 等大数据技术。

以下是数学上解决旅行商问题的三种主要思路。

1. 折叠途程建构法

从距离矩阵中产生一个近似最佳解的途径，有以下几种解法。

（1）最近邻点法（nearest neighbor procedure）。如果一个样本在特征空间的 K 个最相似（特征空间中最临近）的大多数属于某一个类别，则该样本也属于这个类别。

（2）节省法（Clark and Wright saving）。以服务每一个节点为起始解，根据三角不等式两边之和大于第三边的性质，其起始状况为每服务一个顾客后便回场站，而后计算路线间合并节省量，将节省量以降序排序而依次合并路线，直到最后。

（3）插入法（insertion procedures）。如最近插入法、最省插入法、随意插入法、最远插入法、最大角度插入法等。

2. 折叠途程改善法

先给定一个可行途程，然后进行改善，一直到不能改善为止，有以下两种解法。

（1）K-Opt（2/3-Opt）。用尚未加入路径的 K 条节线暂时取代目前路径中的 K 条节线，并计算其成本（或距离），如果成本降低（距离减少），则取代之，直到无法改善为止，K 通常为 2 或 3。

（2）Or-Opt。在相同路径上相邻的需求点，将之和本身或其他路径交换且仍保持路径方向性，并计算其成本（或距离），如果成本降低（距离减少），则取代之，直到无法改善为止。

3. 折叠合成启发法

先由途程建构法产生起始途程，然后再使用途程改善法去寻求最佳解，又称为两段解法（two phase method），有以下两种解法。

（1）起始解求解＋2-Opt。以途程建构法建立一个起始的解，再用 2-Opt 的方式改善途程，直到不能改善为止。

（2）起始解求解＋3-Opt。以途程建构法建立一个起始的解，再用 3-Opt 的方式改善途程，直到不能改善为止。

二、配送路径优化分类

针对各类路径问题模型，已有相当多的文献提出求解方法，具体可分为以下五大类。

1. 系统仿真法

系统仿真法最早由 Golden 和 Skiscim 于 1986 年提出，主要应用于行车线路与物流配送中心区位的选择。优点在于可直接观察系统安排的效率与效果，但由于问题的实际情况多变且具有不确定性，很难将要实现的配送情形系统逻辑化为仿真程序。

2. 人机互动法

人机互动法是一种结合使用者的直觉、经验以及专业能力，纳入求解过程的一种方法，这种方法可以让决策者在电脑上产生途径的中间阶段。此方法结合人类决策与计算机计算能力，在求解的过程中，通过高度的人机交互模式，结合专家的决策信息计算出结果。该方法的优点是寻优的过程中，决策者可以很清楚地看到各约束条件之间的替代关系以及参数变化可能导致的成本变化。

3. 精确解法

精确解法（exact procedures）一般应用于线性规划[包括经过了专门处理的分枝定界法（branch and bound approach）、割平面法（cutting planes approach）和标号法]和非线性规划等数学规划技术，以便求得问题的最优解。在 VRP（virtual reality platform，虚拟现实平台）问题研究的早期，主要是单源点（one-point）（如配送中心、车场等）派车，研究如何用最短路线（或在最短时间内）对一定数量的需求点（用户）进行车辆调度，因此主要运用精确解法求出问题的最优解。精确解法一般有以下几种方法：分枝定界法、割平面法、网络流算法（network flow approach）和动态规划方法（dynamic programming approach）等。

4. 启发式算法

由于上述三种方法的求解效率较差，所以大部分的学者都致力于启发式算法（heuristics）的发展。该方法在解题时可减少搜寻的次数，所以是一种容易且快速求解困难问题的算法。车辆路径问题的启发式算法，包括节约法（saving method）、最邻近法（nearest neighbor）、插入法（insertion）及扫描法（sweeping）等。

5. 智能优化算法（现代启发式算法）

进入 20 世纪 80 年代，一些新颖的优化算法，如人工神经网络算法、遗传算法、模拟退火算法、禁忌算法、混沌等，通过模拟或揭示自然现象或过程得到发展，其思想涉及大数据、物理、生物进化、人工智能等各方面，为解决复杂问题提供了新的思路和手段。在优化领域，由于这些算法构造的直观性与自然机理，因而被称为智能优化算法（intelligent optimization algorithms）或现代启发式算法（meta-heuristic algorithms）。就目前的情况来看，智能优化算法应用于 VRP 的研究还不深入，一般只考虑比较简单的约束（容量约束、时间窗约束），与实际应用还有相当大的距离。但是，用智能优化算法解决 VRP 问题已经得到人们的重视，相当多的学者致力于这方面的研究，发展势头很强劲，是进行 VRP 研究的一个热点方向。相对于传统启发式算法，现代启发式算法不要求在每次迭代中均沿目标值下降方向，而允许在算法中适当接受目标值有所上升甚至不可行的解，其目的是能够跳出局部搜索邻域。

如图 5-9 所示，传统的派送方法是由快递员自己规划路线，但如果常走的路出现拥堵，既浪费时间，也消耗成本。然而大数据时代的物流配送人员不需要自己思考配送路径是否最优，因为采用大数据物流系统可实时分析多达数十万种可能路线，并且在 10 秒内找出最佳路径。精准送达对于电商物流来说是一个技术活，电商物流的快物流不是本事，真正高技术的电商物流服务是精准的物流配送，精准物流体系会根据客户的具体需求时间进行科学配载，调整配送计划，实现用户定义的时间范围的精准送达，美国亚马逊还可以根据大数据的预测，提前发货，实现与线下零售 PK，赢得绝对的竞争力。

图 5-9　传统方式配送

第四节　仓储问题

　　亚马逊从成立至今经历了 20 多年的发展，同时引领电商仓储物流发展了 20 多年。从 20 年前贝佐斯的汽车房到今天的机器人库房、直升机配送，亚马逊开创了一整套以高科技为支撑的电商仓储物流的模式，在过去 20 多年快速稳健的发展中，亚马逊已经形成了成熟的覆盖全球的运营网络。亚马逊是最早应用物流大数据的电商企业，亚马逊在业内率先使用了大数据、人工智能和云技术进行仓储物流的管理，创新地推出预测性调拨、跨区域配送、跨国境配送等服务，不断给全球电商和物流行业带来惊喜。

　　大数据驱动的仓储订单运营非常高效，在中国亚马逊运营中心最快可以在 30 分钟之内完成整个订单处理，也就是下单之后 30 分钟内可以把订单处理完出库，订单处理、快速拣选、快速包装、分拣等一切操作都由大数据驱动，且全程可视化。由于亚马逊后台的系统分析能力非常强大，因此能够实现快速分解和处理订单。

一、仓库选址

　　仓库的选址问题就是求解配送成本、变动处理成本和固定成本之和最小化问题。仓库选址需要考虑仓库数量和仓库如何分布等问题，这类问题可以用数据挖掘技术中的分类树的方法来解决。

　　分类树的目标是连续地划分数据，将数据划分到不同组或分支中，在依赖变量的值上建立最强划分。用分类树的方法解决这个问题时，通常需要以下四个方面的数据：①仓库的位置；②每个仓库的吞吐量；③备选仓库的位置；④仓库和备选仓库之间的距离。通过分类树的方法，不仅确定了仓库的位置，同时确定了每年每个仓库的配送量，使企业能够确定合适的库存量，减少库存资金的占用。

二、货品的合理储存位置

　　如何合理安排货品的储存、压缩货品的存储成本是仓储管理要深入思考的问题。对于货品的存放，哪些货品放在一起可以提高拣货效率？哪些货品放一起却达不到这样的效果？这些问题可以运用数据挖掘中的关联模式分析技术解决。关联模式的分析就是为了挖掘出隐藏在数据间的相互关系，即通过量化的数字，描述产品 A 的出现对产品 B 的出现有多大影响。关联分析就是给定一组条款和一个记录集合，通过分析记录集合，推导出条款间的相关性。

可以用四个属性描述关联规则：可信度——在产品集 A 出现的前提下，产品集 B 出现的概率；支持度——产品集 A、B 同时出现的概率；期望可信度——产品集 B 出现的概率；作用度——可信度与期望可信度的比值。通过上述关联分析可以得出关于货品的简单规则，从而决定这两种货品在货架上的摆放位置，合理安排货位，提高拣货效率。其实，在货位摆放方面应用数据挖掘技术取得成果的例子不胜枚举，如沃尔玛利用数据挖掘技术，对商品进行市场分组分析，即分析哪些商品顾客最有希望一起购买，一个典型的例子就是客户的菜篮子分析，从客户购买的记录中得到客户会同时购买哪些产品。其中著名的结论是：周末 25～35 周岁的青年男子的购物篮中包括啤酒和尿不湿——这个岁数的男子，孩子尚在哺乳期，其妻子让他们带尿不湿回家，而周末是美国体育比赛的高峰期，正好买上啤酒看比赛时喝，销售经理受到启发，将超市中原来相隔很远的妇婴用品区和酒类饮料区的距离拉近，减少顾客的行走时间，这样全年下来，营业额增加了几百万美元。由此可见，应用数据挖掘技术很可能设计出最合理的货品摆放位置。

三、最优拣货路径的选择

在仓储管理中，工作量最大的环节就是货物拣选，如果设计出路程最短、效率最高的拣选路线，将节省大量的人力物力，实现效益最大化。对于这类问题的求解，可以运用数据挖掘技术中的相关算法来确定最优拣选路径，其中神经网络算法和遗传算法经常被用来优化拣选路线。此外还可以定期地对各个拣选路线的绩效进行联机处理分析，通过分析和比较各个路线的成本与利润，及时调整路线安排，提高拣选效率。

四、库存优化策略

降低库存成本、实现零库存是仓储的核心问题。仓储管理中的库存具有双重性，库存过多会造成库存积压，占用大量资金，不利于企业资金周转，而且还可能在储存过程中发生损坏或缺失；库存过少，又会产生缺货成本，甚至会失去原有客户，造成不可弥补的损失。因此，使库存水平保持在合理的限度内很有必要，要解决这个问题就需要运用数据挖掘技术中的分类算法，运用分类算法对库存管理中货物的存储序号、货物的存储量、货物单价及占全部库存货物数量的百分比、占货物总价值的百分比等数据进行分析，确定不同库存货物的管理措施，制订合理的库存策略。

成熟的补货和库存协调机制能够消除过量的库存，降低库存持有成本。从需求变动、安全库存水平、采购提前期、最大库存设置、采购订购批量、采购变动等方面综合考虑，可以建立优化的库存结构和设置优化的库存水平。

五、客户关系管理

客户关系管理是保证企业竞争力的重要因素之一，而要了解客户就要对客户进行分析，要做到这些，就必须对客户与企业交互过程中的各种数据进行收集、分析，提取出隐含在数据中有价值的信息，这就需要运用数据挖掘技术。利用数据挖掘技术分析客户对物流仓储服务的应用频率、持续性等数据来判别客户的忠诚度，通过对仓储管理过程中交易数据的详细分析来挖掘哪些是企业希望保存的有价值的客户，哪些是有待开发的潜在客户。例如，可以通过挖掘找到流失客户的共同特征，就可以在那些具有相似特征的客户未流失前进行针对性的弥补来挽留他们。还可以通过数据挖掘分析客户消费能力，预测客户消费能力变动以增强客户消费能力。例如，可以通过数据挖掘分析客户购买行为及购买频率，对不同的客户提供针对性的个性化服务，提高客户满意度，激发客户的消费欲望。

第五节 供应链预测

供应链是由供应商、制造商、仓库、配送中心和渠道商等构成的物流网络，如图 5-10 所示。同一企业可能构成这个网络的不同组成节点，但更多的情况下是由不同的企业构成这个网络中的不同节点。在某个供应链中，同一企业可能既在制造商、仓库节点，又在配送中心节点等占有位置。在分工愈细、专业要求愈高的供应链中，不同节点基本上由不同的企业组成。在供应链各成员单位间流动的原材料、在制品库存和产成品等就构成了供应链上的货物流。

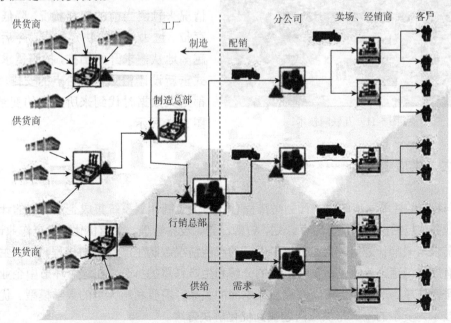

图 5-10 供应链

供应链作为企业的核心网链，将彻底变革企业市场边界、业务组合、商业模式和运作模式等。随着供应链变得越来越复杂，必须采用更好的工具来迅速高效地发挥数据的最大价值。第三产业供应链协同应用市场进入空间较大，尤其以医疗、金融、电子商务等细分领域需求较高。第二产业供应链协同市场成熟度逐步提高，尤其以物流、汽车、零售、公共事业为主要领域，供应链协同数据将起到市场升级的核心驱动作用。

一、需求预测

需求预测是整个供应链的源头、整个市场需求波动的晴雨表，销售预测的灵敏与否直接关系到库存策略、生产安排以及对终端客户的订单交付率，产品的缺货和脱销将给企业带来巨大损失。企业需要通过有效的定性和定量的预测分析手段与模型并结合历史需求数据及安全库存水平综合制订精确的需求预测计划。如汽车行业，可以及时收集何时售出、何时故障及何时保修等一系列信息，由此从设计研发、生产制造、需求预测、售后市场及物流管理等环节进行优化，实现效率的提升，并给客户带来更佳的用户体验。

通过互联网技术和商业模式的改变，现在电商平台都跳过了经销商，将商品从工厂直接发到顾客手中。借助大数据不断优化库存结构和降低库存存储成本，运用大数据分析商品品类，系统会自动调用哪些商品是用来促销的、哪些商品是用来引流的。

图 5-11　互联网技术

就像现在"双十一"都采用预购的方法，消费者付定金提前购买，商家既有资金提前库存，又能估算出生产多少商品可以保证供应，当下就可以判断当前商品的安全库存，而不再是根据往年的销售情况来预测当前的库存状况，降低库存存货。过去是供给决定需求，今后越来越多地从需求开始倒推，按照需求的模式重新设计相应的供给点的安排，这些都是大数据时代到来所产生的变革，如图 5-11 所示。

二、供应链计划

与物料、订单同步的生产计划与排程有效的供应链计划系统集成企业所有的计划和决策业务，包括需求预测、库存计划、资源配置、设备管理、渠道优化、生产作业计划、物料需求与采购计划等。企业根据多工厂的产能情况编制生产计划与排程，保证生产过程的有序与匀速，其中包括物料供应的分解和生产订单的拆分。在这个环节中企业需要综合平衡订单、产能、调度、库存和成本间的关系，需要利用大量的数学模型、优化和模拟技术为复杂的生产与供应问题找到优化解决方案。

在大数据时代，通过对供应链上海量数据的收集、甄别，不仅可以为终端的市场用户勾勒出关于消费习惯、消费能力的"消费画像"，反映出市场真实的需求变化，也可以使物流企业依据数据分析的结果，了解到具体的业务运作情况，从而判断出哪些业务带来的利润率高、增长速度较快等，并根据实时的数据针对业务做出必要的调整，把主要精力放在真正能够给企业带来高额利润的业务上，确保每个业务都可以盈利，从而实现高效的运营。应用大数据构建有效的市场预测模式，可以使物流企业从价值延伸的角度为客户提供超出预期的服务，在实现产品的物流量精准预测的基础上，更精确地配置自身的各项物流资源，对整个物流供应链做出更好的掌控，提升供应链的协同效应。

三、风险预警

大数据还可充分应用在预测性分析和预警中。例如，问题预测可以在问题出现之前就准备好解决方案，避免措手不及造成经营灾难。还可以应用到质量风险控制，如上海宝钢，其生产线全部实现流水化作业，生产线上的传感器可获得大量实时数据，利用这些可以有效控制产品质量，通过采集生产线上的大量数据，来判断设备运营状况、健康状况，对设备发生故障的时间和概率进行预测。这样企业可提前安排设备维护，保证生产安全。

大数据将用于供应链，从需求产生、产品设计到采购、制造、订单、物流以及协同的各个环节，通过大数据的使用对其供应链进行翔实的掌控，更清晰地把握库存量、订单完成率、物料及产品配送情况等；通过预先进行数据分析来调节供求；利用新的策划来优化供应链战略和网络，推动供应链成为企业发展的核心竞争力。

供应链管理大数据应用产业目前正处于快速发展期，有深度行业积累的供应链协同数据平台将是未来资本主要进入的领域。据产业市场研究与分析公司 Industry ARC 的详细研究，该市场2018年达到404亿美元，2013～2018年的CAGR（compound annual growth rate，年均复合增长率）约为31.4%。

第六节　匹配系算法的具体应用场景

一、众包物流

所谓众包物流，就是指把原本由投递员承担的配送工作，转交给企业外的大众群体来完成。发件人通过手机 APP 发布寄件订单，软件会根据上述信息自动核算出快递费用，平台注册的自由快递人可以根据自己的路线进行"抢单"并获得报酬。

快递业一向被定义为劳动密集型产业，虽然近年来伴随电子商务在中国的高速发展，每年都保持40%左右的平均增速，但产业链条尤其是最后的投递端一直以人的简单劳动为主要手段，成为产业互联网化的一大障碍，与产业的快速发展不相匹配。作为市场驱动型的产业，快递业享受着电商发展带来的市场红利，与互联网密切相关。在"互联网＋"成为整个社会转型的方向后，快递业也需要借助互联网加速转型。一方面，降低运营成本，提升效率；另一方面，解决客户在使用快递服务时所遇到的难题，提升客户体验。从这个角度看，众包物流作为基于移动互联网和大数据系统对终端配送的尝试与改变，已经使快递业从一个标准的劳动密集型行业逐渐转变为技术与资本密集型行业，将促进行业的效率提升，改变快递服务的形式。

二、"千人千面"

"千人千面"意味着每个人在 PC 端或移动端，看到的是完全不同的一组推荐产品，推荐给用户 A 的可能是洗发水和按摩椅，推荐给用户 B 的可能是手机壳和一本儿童剪纸书。这种推荐的结果是，用户购物决策的质量和效率提升了，忠诚度提高了，可谓是双方都满意，皆大欢喜。那么这样的大数据服务是如何实现的呢？京东把这种以推荐方式吸引用户再次回到京东采购商品叫作"召回"，召回是基于之前的数据采集进行分析的，那么也就是需要多种不同的召回模型，目前京东召回模型有三种。

第一种召回模型是基于行为进行推荐，如用户刚刚在网络上购买了一部 Kindle，那么网络会推荐给用户 Kindle 周边产品，如一个 Kindle 的保护套，这种推荐与用户的购买行为相关；又如用户在京东上浏览了一本金融书籍，京东会根据用户的浏览记录给用户推荐相似的股票书籍。总之，这种推荐是比较直接的。

第二种召回模型是基于用户的偏好进行推荐，也就是基于数据，对用户、商品及店铺进行画像。图 5-12 中，我们可以清楚地看到画像的元素。后台会对这些画像进行配对，推荐合适的商品。例如，一位男士，在京东上多次采购和浏览高档品牌白色 T 恤，那么他的画像就被定位为"男、高收入、T 恤、白色……"，当有相应高档品牌上新白色 T 恤时，京东会自动推荐给这位男士。

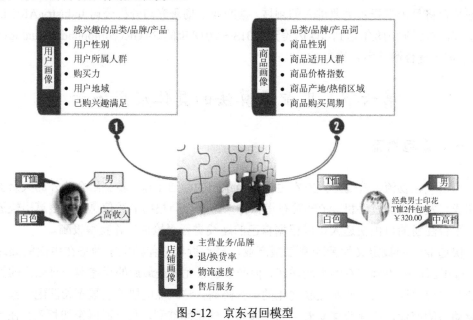

图 5-12　京东召回模型

用户可以通过 PC 端、移动 APP 以及微信和手机 QQ 进行采购。一般而言，办公环境下用户更喜欢在 PC 上购物；移动、家居环境下用户越来越喜欢蜷在沙发里在京东 APP

和微信及手机 QQ 上购物。当然，也可以在 PC 端看仔细，加入购物车，之后有空在移动端确认付款。

第三种召回模型是基于地域进行推荐。不同城市的消费水平当然不同，同一个城市的不同区域也有着不同的消费习惯。北京酒吧街三里屯附近的采购集中在扑克、饮料、矿泉水等娱乐类商品，而东北五环的庞各庄小区的采购则集中在晾衣架、棉袜、鼠标、充电宝等生活类商品，对于来自这两类不同区域的用户，京东推荐的品类也会有所侧重。

当然，这三种模型属于宏观模型，还有很多子模型，如在线相关、在线相似、离线相关、离线相似，以及一些比较热销的品牌和品类等，这些子模型都会进入模型库当中，基于一些算法进行模型效率分析，也就是看单位展示量中哪种模型效率最高。同时，根据测试结果进行模型权重的调整，并不断进行新的尝试——如把用户直接放在购物车中的商品再次推荐给用户，结果在原有算法基础上又有了 5%～10%的提升。后来刘尚堃的团队又将这些召回模型借助新的算法进行排序，模型效率再度提升了 20%。

目前，京东建构模型所采用的数据多数来源于京东采购记录，未来也会考虑采用社交媒体的数据进行辅助，并且就架构本身来说，能够支持算法的高速迭代，京东平均每周会有 7 个新的算法实验上线。通过"千人千面"的商品推荐，大数据为京东带来了实实在在的利润。相信也会有更多的大数据故事酝酿在各个行业和企业，为企业带来生机，可以看出京东"千人千面"实际上就是对推荐引擎的一种运用。

三、个性化搜索

淘宝搜索模型分为个性化搜索和非个性化搜索，个性化搜索模型与非个性化搜索模型相比多了两个综合因素：客户购物习惯和价格模型，淘宝已经开始实行个性化搜索，所以现在的淘宝搜索是建立在个性化搜索模型之上的。淘宝推出个性化搜索是业务规模驱动和技术驱动的结果，淘宝店铺越来越多、产品越来越多，个性化搜索可以帮助客户最大限度地快速找到想要购买的产品。

在个性化搜索之前淘宝思考客户购买需求就是通过关键字来判断，对客户的浏览习惯、购买习惯未做加权，也没有对商家的宝贝价格这个因素进行加权。而在个性化搜索之后，淘宝在为客户搜索的关键词进行产品匹配的时候，还要考虑用户之前的购物习惯，也就是用户浏览过哪些商家产品，之前购买产品的客单价，以此来判定用户的消费能力和品牌喜好。产品推荐的时候除了文本模型、类目模型、交易模型、服务模型、时间模型之外，还增加了一个价格模型，这个价格模型能和用户之前的购买习惯相匹配，如果用户之前购买的都是名牌，虽然这个名牌可能和用户这次搜索的类目不匹配，但是可以说明用户是一个消费能力比较强的客户，那么淘宝就会有意地把单价比较高的产品推荐给用户，以此来提高客户的搜索体验，最大化地快速帮助客户找到需求产品。

四、个性化信息推送

随着大数据时代的到来，面对爆炸式的信息增长，最短时间内获取需要的信息是人们当前的迫切需求，将新闻恰当精确地推送给用户，也就成为各大新闻门户关注的焦点。信息膨胀问题导致信息获取效率随之下降，让用户获取紧凑的个性化信息是每个新闻门户都面临着的最具挑战性的任务。

今日头条是典型的新媒体，其采取了个性化推荐算法。今日头条的个性化推荐算法原理是基于投票的方法，其核心理念就是投票，每个用户一票，喜欢哪篇文章就把票投给这篇文章，经过统计，最后得到的结果很可能是在这个人群下最好的文章，并把这篇文章推荐给同人群用户。这一过程就是个性化推荐，实际上个性化推荐并不是机器给用户推荐，而是用户之间在互相推荐，看起来似乎很简单，但实际上这需要基于海量的用户行为数据挖掘与分析。

如图 5-13 所示，有 3 篇文章，让 3 个用户投票 [注：这 3 个用户是一类人，有相同属性（喜好和偏好）]，那第 4 个用户应该被系统推荐的文章是哪篇呢?第 4 个用户与前 3 个用户都是一类人，答案显而易见是第一篇文章。今日头条的推荐就是利用以上原理。

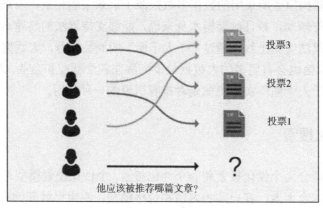

图 5-13　投票法

第七节　监　　控

一、舆情监控

近年来大数据不断地向社会各行各业渗透，为每一个领域带来变革性影响，并且正在成为各行业创新的原动力和助推器。这一时期，由于互联网社交互动技术的不断发展创新，人们越来越习惯于通过微博、微信、博客、论坛等社交平台去分享各种信息数据、表达诉求，每天传播于这些平台上的数据量高达几百亿甚至几千亿条，这些数量巨大的社交数据构成了大数据的一个重要部分，这些数据对于政府收集民意动态、企业了解产品口碑、公司开发市场需求等发挥重要作用。

在此背景下，舆情监控及分析行业就是为适应大数据时代的舆情监控和服务而发展起来的，其主要专注于通过海量信息采集、智能语义分析、自然语言处理、数据挖掘以及机器学习等技术，不间断地监控网站、论坛、微博、微信等信息，及时、全面、准确地掌握各种信息和网络动向，从浩瀚的大数据宇宙中发掘事件苗头、归纳舆论观点倾向、掌握公众态度情绪，并结合历史相似和类似事件进行趋势预测与应对建议。大数据在舆情监控上的应用价值包括以下几方面。

（一）大数据价值的核心：舆情预测

传统网络舆论引导工作的起点，是对已发生的网络舆情进行监测。然而这种方式的局限在于存在滞后性，大数据技术的应用，就是挖掘、分析网络舆情相关联的数据，将监控的目标时间点提前到敏感消息进行网络传播的初期，通过建立的模型，模拟仿真实际网络舆情演变过程，实现对网络突发舆情的预测。

（二）大数据价值的条件：舆情全面

大数据技术要预测舆情，首要条件是对各种关联的全面数据进行分析计算。传统数据时代，分析网民观点或舆情走势时，只关注网民跟帖态度和情绪，忽视了网民心理的变化；只关注文本信息，而较少关注图像、视频、语音等内容；只观察舆论局部变化，忽视其他群体的舆论变化；只解读网民文字内容，而忽视复杂多变的社会关系网络。从舆情分析角度看，网民仅仅是信息海洋中的"孤独僵尸"，犹如蚁群能够涌现高度智能，而单个蚂蚁如附热锅到处乱窜。大数据时代，突破了传统数据时代片面化、单一化、静态化的思维，开始立体化、全局化、动态化研究网络舆情数据，将看似无关紧要的舆情数据纳入分析计算的范围。

（三）大数据价值的基础：舆情量化

大数据预测舆情的价值实现，必须建立在对已挖掘出的海量信息，利用数学模型进行科学计算分析的基础之上，其前提是各类相关数据的量化，即一切舆情信息皆可量化。但数据量化不等同于简单的数字化，而是数据的可计算化，要在关注网民言论的同时，统计持此意见的人群数量；在解读网民言论文字内容的同时，计算网民互动的社会关系网络数量；对于网民情绪的变化，可通过量化的指标进行标识等。

（四）大数据价值的关键：舆情关联

数据背后是网络，网络背后是人，研究网络数据实际上是研究人组成的社会网络。大数据技术预测舆情的价值实现，最关键的技术就是对舆情间的关系进行关联，不再仅仅关注传统意义上的因果关系，更多地关注数据间的相关关系。按大数据思维，每一个数据都是一个节点，可无限次地与其他关联数据形成舆情链上的乘法效应——类似微博裂变传播路径，数据裂变式的关联状态蕴涵着无限可能性。

对趋势的研判则是大数据时代舆情监控的目标。如今人们能够利用浩如烟海的数据挖掘信息、判断趋势、提高效益，但这远远不够，信息爆炸的时代要求人们不断增强关联舆情信息的分析和预测，把监控的重点从单纯地收集有效数据向对舆情的深入研判拓展。乐思舆情监测系统对监测到的负面信息实施专题重点跟踪监测，对重点首页进行定时截屏监测及特别页面证据保存。监测人员可以对系统自动识别分类后的信息进行再次挑选和分类，并可以基于工作需要轻松导出含有分析数据图表的舆情日报、周报，减轻舆情数据分析、统计作图的繁杂度。对于某些敏感信息，系统还可通过短信和邮件及时通知用户，这样用户随时都可远程掌握重要舆情的动态。

大数据时代需要大采集，大数据时代需要大分析，这是数据爆炸背景下的数据处理与应用需求的体现，而传统的人工采集、人工监测显然难以满足大数据背景下对数据需求及应用的要求。乐思舆情监测系统成功地实现了针对互联网海量舆情自动实时监测、自动内容分析和自动报警的功能，有效地解决了传统的以人工方式对舆情监测的实施难题，提高了网络舆论的监管效率，有利于组织力量展开信息整理、分析、引导和应对工作，提高用户对网络突发舆情的公共事件应对能力，加强互联网大数据分析研判。

二、路况监控

越来越多用户习惯使用手机地图 APP，利用实时交通功能，顺畅到达目的地。而在这简单的点击屏幕背后，有着看不见的复杂口令，在地图的实时交通领域，大数据令很多细碎烦琐的事情落地，"复杂"才决定了"简单"。

事实上，每一个使用高德地图的用户也是高德地图数据的主要来源，当用户使用地图导航或查看全城路况时，用户手机的定位器也会算出车辆的行驶速度，并且将这个数据上传到高德的服务器上。一条路上，如果 70%的用户都在以低速行驶，那么这条路自然也就是一段低速行驶的拥堵路段，大量用户的速度信息在经过高德服务器的后台汇总后也就得知了全城的路况。这种情况只会吸引更多用户使用导航，进一步优化实时路况的准确度和更新速度，形成良性循环。

"越拥堵越有需求"，这正是地图行业面临的商机，事实上，对地图厂商来说，解决了用户的痛点即是体现了自己的价值，"你直接告诉他走哪条路最近、最不会堵就行"。高德地图副总裁董振宁说。大数据所要解决的核心问题就是用户体验，同时对于城市的交通拥堵，地图导航或许无法做到彻底解决，但却能做到很大程度的缓解。他举例，即便是在北京最堵的高峰时段，依然有一些马路上车辆稀少、空空荡荡，"实时交通就是要将原本拥堵的车辆引导到这些空的路段上去"。

每天，在北京城里穿梭的 4 万辆出租车就是 4 万个"移动传感器"，它们探知城市各个角落的路况信息。高德地图曾表示除了用户以外，还会利用交港部门的摄像监控以及这些出租车辆上的 GPS 定位将车辆的实时轨迹第一时间传回高德的大数据中心，高德一个月处理的路程在 30 亿千米以上，相当于绕地球 75 000 圈。

当用户设置好起点和终点后，实时导航会为用户计算出预计花费的时间。在日本，这一数字的误差被控制在每月 15%以内，目前高德能做到 18%，未来的理想数字是不超过 10%，也就是预计 30 分钟到达，最多延误 3 分钟，而在这些数字的背后，需要精准掌控的细节因素非常多。

高德在微信公众平台推出了服务号，可以供用户进行上下班路况查询，这同样是基于大数据的服务功能。业内常常用一个实景比喻来解释大数据究竟能做到如何智能：当一个用户在某购物网站买过一套餐具后，他面对的不应该是隔三岔五地收到同类产品的推荐信息，而是在几个月后收到特别为他定制的厨房配套用具的推荐。而在地图应用中，大数据同样要通过个性化的分析，提供量身定制的主动服务。"当你快下班时，就会收到一条推送信息，告诉你今天回家路上堵不堵，走哪条路最划算。"董振宁说。大数据的理想状态是有生命的、会互动的。

三、视频监控

随着数据量的增加，哪怕对 TB 级别的视频数据进行数据分析和检索，传统技术模式下也可能需要花费数小时的计算，已远远不能胜任时效性的要求。用户希望能够对海量数据进行有效管理和使用，快速辨别有效数据，提高数据利用价值。

分析大数据产生小数据。摄像头 7×24 小时工作，如实记录镜头覆盖范围内发生的一切，而仅仅记录信息是不够的，因为对于客户来讲可能大部分信息是无效的，有效信息可能只分布在一个较短的时间段内。按照数学统计理论，信息是呈现出幂律分布的，或称之为信息密度，往往密度越高的信息对客户价值越大。实时涌入的海量数据容易产生大量的休眠数据，浪费大量存储资源，因此要对海量数据进行智能分析，提取出价值数据片段，建立摘要信息，减少用户需要处理的数据量，形成元数据信息库。

提纯小数据产生价值数据。例如，在公安系统中希望能集中分析过去和现在的犯罪数据与视频图片，整合所有信息，提供对犯罪趋势更全面的看法。这就需要针对海量历史数据实现快速检索，并对貌似非关联的数据进行关联，并在可视化平台进行呈现，总结出数据规律，为决策者提供参考和预测未来业务走向。

第八节　风　险　控　制

大数据风控即大数据风险控制，是指通过运用大数据构建模型的方法对借款人进行风险控制和风险提示。传统的风控技术，多由各机构自己的风控团队以人工的方式进行经验控制，但随着互联网技术不断发展，整个社会大力提速，传统风控方式已逐渐不能支撑机构的业务扩展。而大数据对多维度、大量数据的智能处理，以及批量标准化的执行流程，更能贴合信息发展时代风控业务的发展要求，适应越来越激烈的行业竞争，这也正是现今大数据风控如此火热的重要原因。

一、风险管理

大数据可以提升风险管理的效果：提高风险模型的预测能力及稳定性；实时风险管理将解决原有风险管理发现问题滞后的难题；基于重点行业领域，风险管理借助大数据将有效增强决策能力；同时风险管理的成本将大大降低。

首先，实施全面风险管理体制改革，打造"集中式、矩阵形"的风险管理组织架构体系。全面风险管理框架所构建的全面风险管理是一个过程，这个过程充分体现了大数据时代的业务流程之间、人员操作之间的连接。这个过程从企业战略制定一直贯穿到企业的各项活动中，用于识别那些可能影响企业的潜在事件并进行风险管理，使之在企业的风险偏好之内，从而合理确保企业取得既定的目标。

其次，强化顶层设计，打造"横到边、纵到底"的全面风险管理体制机制。其主要内容包括：风险管理政策制度流程体系、授权管理体系、风险限额管理体系、风险评价考核体系、风险奖惩处罚体系、风险责任约束体系、风险决策报告体系、资产质量管控体系。通过大数据应用来支撑全面风险管理体制机制，通过大数据信用风险管理手段嵌入信用风险全流程管理，通过事中监控平台嵌入操作风险和交易监控，通过反欺诈平台嵌入网络信贷等，通过大数据平台获得风险评价考核及报告，通过大数据决策分析获得公平奖惩考核结果，等等。其中，核心是打造"智能化、全流程"大数据风险管控技术，在大数据时代，一切人为重复性的工作，都将会被机器所取代，大数据技术大大降低了风险管理的成本，并且可以完美地规避人为因素遗漏或者故意造成的风险发生。

最后，借助信息技术构建全面风险管理体系架构，是全面风险管理组织体系的重要内容，也是大数据时代商业银行风险管理的必要内容。全面风险管理的信息收集与传递路线设计为两个方向相反的过程：自下而上的信息收集传递路线和自上而下的风险管理决策信息传递路线。具有静态结构和有限交互路径的数据仓库时代已经过去，取而代之的是具有可得性的复杂多样的来源，包括社交媒体、电子邮件、传感器数据、商业应用、档案和文件。同时，取得和分析数据的速度亟须崭新的方法。现在我们正步入数据湖时代。在数据湖时代，银行全面风险管理高度依赖信息系统的支持，即对风险相关信息的收集、储存、分析、加工、处理和传递。完善的信息系统及蕴涵在该系统中的数据将成为银行的隐形资产，成为银行核心竞争力的重要组成部分。

2016年第一季度印发的《中国银监会办公厅关于商业银行转型发展的指导意见》明确指出，商业银行应当建立健全与其转型发展进程相适应的全面风险管理体系，有效运用各类风险管理工具，确保有效识别、计量、监测和控制各类传统风险与新型风险。其中，核心环节是大数据应用，通过大数据应用能够解决金融领域中的信息不对称问题，即"对价"问题，从而给风险管理技术的提升带来天翻地覆的变化。金融的核心环节是信息生产和运用，金融的核心竞争力在于掌握充足的信息以消除信息不对称，当前，银行经营管理正在发生深刻变化。对于风险管理而言，最显著的变化就是由基于企业静态数据（财务信息）分析向基于企业动态数据（行为数据等）分析转化，由人为判断向模型分析转化，由零散管理向体系管理转化。全面风险管理是大数据时代中国商业银行必须实行的一种管理行为或管理模式，它不但是商业银行应新常态挑战的需要，也是中国商业银行管理转型、平衡资本配置与风险补偿、真正提高整体盈利能力的前提和策略手段。

二、防范金融欺诈

在近几年的经济危机中，金融企业风险管理能力的重要性日渐彰显。抵押公司、投资银行、保险公司、对冲基金和其他机构对风险管理系统与实践的改进已迫在眉睫。要提高风险管理实践，行业监管机构和金融企业管理人员需要了解最为微小的交易中涵盖的实时综合风险信息；投资银行需要知道每次衍生产品交易对总体风险的影响；零售银行需要对信用卡、贷款、抵押等产品的客户级风险进行综合评估，这些细小信息会产生较大的数据量。

　　在银行反欺诈系统中增加对大数据的处理能力，可以让决策更为科学和精准，从而帮助银行控制风险、提高业务收益。为了防范风险，银行在信用卡业务及各种贷款业务中都会用到各种反欺诈解决方案。本质上，反欺诈就是根据数学模型对所获取的各种数据进行分析，从而判断某笔交易可能存在的风险。反欺诈解决方案的准确度取决于数据模式是否科学，同时也取决于获取的数据是否全面、准确，由于数据模型是否科学也是建立在事先对大量的数据进行分析的基础上，因此，数据反欺诈解决方案的根本也包括大数据。相对于车贷、房贷等零售信贷业务，信用卡业务利润更高，同时风险也更大，反欺诈系统显得尤其重要。反欺诈系统需要对用户身份、过往消费行为以及消费发生的时间、地点等要素进行关联分析，资料越详尽，结果就越准确。随着信用卡发行量的迅速攀升（截至 2018 年，全国信用卡的发卡量达到将近 7 亿张），新的数据几乎每时每刻都在生成，这些因素都在挑战反欺诈系统的执行效率。从某种程度上说，反欺诈系统已经是一种大数据的处理系统。因为在大数据的 4V 特征中，目前的反欺诈系统处理的数据至少已经具备两个特征：海量数据、数据生成速度非常快。而未来肯定还会在数据类型方面进一步丰富，不仅能分析和处理结构化数据，还能分析和处理邮件、语音、视频等非结构化数据。通过对大数据的跟踪和研究，关注在其影响下的金融市场，以此解释快速发展变化的新技术，洞察信息产业发展规律，才能发现真正具备长期投资价值的公司。要相信，更宽广的视野、更频繁的交流、更深入的思考，将对金融企业的发展更有价值。

第六章

大数据应用关键问题

我们正处于一个数据爆发增长的时代，数据爆发增长的首要原因就是采集数据变得越来越容易，移动互联网、移动终端和科技含量更高的数据感应器无时无刻不在采集数据，而且硬盘造价越来越低，让存储数据变得越来越简单、越来越便宜。随着互联网的深入发展和创新，人类社会出现了翻天覆地的变化，然而这种变化还没有结束，全球将步入大数据时代，大数据的发展将铸就一个新的世界。国际数据咨询公司（Global Pulse）估测，全球数据数量一直在快速增加，每年增长约50%，这个速度不仅是指数据流的增长，而且还包括全新的数据种类的增多，预计到2020年，全球产生的数据量将超过80ZB，由此可见，我们的确已经迈入大数据时代。

第一节 隐 私 问 题

网络空间中的数据来源渠道多样化和多维化，我们生活中无时无刻不在产生数据，这些数据来源于社交网络、电子邮件、记录存档、手机导航、硬盘存储数据等，网络上大量数据的聚集或收集加大了侵犯用户隐私的风险。一方面，大数据中经常会包含大量的客户个人信息、企业的运营数据、个人的隐私数据和各种我们生活中的细节记录，这些数据的收集和存储增加了隐私泄露的风险，如果这些数据经过加工处理并且被不法分子利用，难免会威胁到个人利益。另一方面，一些敏感的数据的所有权和使用权没有明确的界定，同时隐私数据和非隐私数据无法明确界定，导致很多基于大数据的分析都未考虑到其中涉及的个体隐私问题。

一、法律保护

大数据的发展诞生了很多以数据分析和处理为核心业务的企业。据不完全统计，仅在国内A股上市的公司中，以经营大数据相关业务为主营业务的企业就包括数据技术提供商超图软件、四维图新，数据服务提供商科大讯飞、拓尔思、广联达、大智慧等多家企业。数据如同一把双刃剑，在带来便利的同时也带来了很多安全隐患，数据对于互联网服务提供者而言具备了更多的商业价值，但数据的分析与应用将愈加复杂，也更难以管理，个人隐私无处遁形。大数据产业的发展也带来了数据泄露现象的涌现，2014年5月13日，小米论坛用户数据库泄露，涉及约800万使用小米手机、MIUI系统等小米产品的用户，泄露的数据中带有大量用户资料，可被用来访问"小米云服务"并获取更多的私密信息，甚至可通过同步获得通信录、短信、照片、定位，锁定手机及删除信息等。数据的保护不是单项法律就能起到保护作用，数据在不同的情况下应该受到不同类型的法律保护。根据我国法律，在版权法（著作权法）之外还有商业秘密权、隐私权、人身权、合同债权以及反不正当竞争权保护可以被主张。

1. 商业秘密权保护

所谓商业秘密保护，就是指劳动者在劳动合同期间以及解除或终止劳动合同后一段期限内不得利用企业的商业秘密从事个人牟利活动，非依法律的规定或者企业的允诺，不得披露、使用或允许他人使用其掌握的企业商业秘密。《中华人民共和国反不正当竞争法》（以下简称《反不正当竞争法》）第九条规定："本法所称的商业秘密，是指不为公众所知悉、具有商业价值并经权利人采取相应保密措施的技术信息和经营信息。"根据该项规定，满足秘密性、保密性、实用性的技术信息和经营信息可以作为商业秘密保护。随着司法实践对商业秘密认定不断倾向宽泛化解释，通过主张商业秘密权保护数据的案例呈增多趋势。

在激烈的市场竞争中，任何一个企业生产经营方面的商业秘密都十分重要，在世界各国特别是发达国家，商业秘密作为知识产权的一部分普遍受到法律的保护，我国是世界范围内有影响的发展中国家，同样依法保护权利人的商业秘密就显得非常必要。据2012年央视"3·15"晚会消息，招商银行、工商银行等银行网上银行发生失窃案，银行内部员工被曝泄露出售客户信息。2011年2月下旬起，上海警方连续接到几十起储户失窃案报案，涉及招商银行、工商银行、农业银行等多家银行，被盗金额最高的达到233万元。上海市闸北区公安分局经侦支队，在江西南昌将犯罪嫌疑人朱某某抓获，朱某某共购买了3000多份车主的银行卡信息和个人征信报告，到被抓获时，共造成受害人损失300多万元。胡某，网名"夜光杯"，真实身份是招商银行信用卡中心风险管理部贷款审核员，向朱某某出售个人银行信息300多份。曹某某，网名"四一人生"，真实身份是中国工商银行武汉黄陂支行客户经理，仅他一人，通过中介向朱某某出售个人征信报告多达2318份，向朱某某出售个人征信报告、银行卡信息的，还有中国农业银行无锡荣龙支行员工董某、中国工商银行福州鼓楼支行员工陈某。

2. 反不正当竞争权保护

《反不正当竞争法》第二条规定："经营者在生产经营活动中，应当遵循自愿、平等、公平、诚信的原则，遵守法律和商业道德。本法所称的不正当竞争行为，是指经营者在生产经营活动中，违反本法规定，扰乱市场竞争秩序，损害其他经营者或者消费者的合法权益的行为。"反不正当竞争法具有高度抽象性和个案中宽泛解释的弹性，能够对成文法静态保护的权利形成兜底的动态保护。援引郑成思老师的著名比喻就是，如果把专利法、商标法、版权法这类知识产权单行法比作冰山，那么反不正当竞争法就如冰山下使其赖以漂浮的海洋。尤其在对不满足版权法对独创性要求的数据集合进行保护的案件中，禁止不正当竞争往往是原告和法院的标准选项。上海霸才数据信息有限公司（以下简称"霸才公司"）与北京阳光数据公司（以下简称"阳光公司"）技术合同纠纷案二审中，北京市高级人民法院认为一审原告霸才公司的SIC实时金融信息作为一种新型的电子信息产品应属电子数据库，在本质上是特定金融数据的汇编，这种汇编在数据的编排和选择上并无著作权法所要求的独创性，不构成著作权法意义上的作品，不能受到著作权法的保护。但霸才公司作为特定金融数据的汇编者，对数据的收集、编排，即 SIC 实时金融信息电子数据库的开发制作进行了投资，承担了投资风险，该电子数据库的经济价值在于其数据信息的即时性，阳光公司正是通过向公众实时传输该电子数据库的全部或部分而获取收益，霸才公司对于该电子数据库的投资及由此而产生的正当利益应当受到法律保护。

3. 人身权保护

人身权，又称非财产权利，指不直接具有财产的内容，与主体人身不可分离的权利。人身权与财产权共同构成民法中的两大类基本民事权利，人身权包括人格权和身份权两大类，其中人格权包括生命权、身体权、健康权、姓名权、名称权、名誉权、肖像权等，身份权包括亲权、配偶权、亲属权，荣誉权。人身权是我国公民和法人的人身关系在法律上的体现与反映，人身权不能以金钱来衡量其价值，一般不具有可让与性，受到侵害时主要需以非财产的方式予以救济。

随着网络的普及，网民人身权益因网络遭受侵犯的现象层出不穷，从隐性的用户数据收集、人身攻击谩骂到疯狂的"人肉"搜索直至明目张胆的"不雅照"传播，一个个侵犯公众人身权益的鲜活案例刺痛着公众的神经。面对无孔不入的网络，谁也不能保证自己不会成为下一个受害者。因此，在网络已深入个人生活方方面面的今天，网民在享受网络带来便利的同时也热切呼唤更加切合网络时代的人身权保护机制，从而避免人人自危的局面。

网络传播以速度快著称，对于人身权益的保护法律也多以事后救济为主，对于已发生的损害难以完全消除影响，因此，除了法律、法规不断完善之外，保护个人人身权益还需每个网民自我保护意识的提升，实现防患于未然。从以往发生的网络人身侵权案例来看，许多网民表现出在网络上的自我保护意识的缺失，经常因疏于防范最终导致人身权益受损。

"在互联网上，没人知道你是一条狗。"这句网络名言在海量数据分析已成为现实的大数据时代已然过时，在网络渗透到生活方方面面的今天，人身权益的保护既需法律给力，也需个人觉醒，二者有机结合才能有效避免个人人身权益被侵犯。

二、技术保护

大数据蓬勃发展的同时，也面临着技术上的挑战，技术上的保护对于大数据的健康发展起到关键性作用。

1. 数据发布匿名保护技术

对于大数据中的结构化数据（关系数据）而言，数据发布匿名保护是实现其隐私保护的核心关键技术与基本手段，目前仍处于不断发展与完善阶段。以典型的 k 匿名方案为例，早期的方案及其优化方案通过元组泛化、抑制等数据处理，将准标识符分组。每个分组中的准标识符相同且至少包含 k 个元组，因而每个元组至少与 $k-1$ 个其他元组不可区分。由于 k 匿名模型是针对所有属性集合而言，对于具体的某个属性则未加定义，容易出现某个属性匿名处理不足的情况。若某等价类中某个敏感属性上取值一致，则攻击者可以有效地确定该属性值。针对该问题研究者提出 1 多样化（1-diversity）匿名。其特点是在每一个匿名属性组里敏感数据的多样性满足要大于或等于 1，实现方法包括基于裁剪算法的方案以及基于数据置换的方案等。此外，还有一些介于 k 匿名与 1 多样化之间的方案。进一步，由于 1 多样化只是能够尽量使敏感数据出现的频率平均化，当同一等价类中数据范围很小时，攻击者可猜测其值。t 贴近性（t-closeness）方案要求等价类中敏感数据的分布与整个数据表中数据的分布保持一致。其他工作包括 (k, e) 匿名模型、(x, y) 匿名模型等。上述研究是针对静态、一次性发布情况，而现实中，数据发布常面临连续、多次发布的场景。需要防止攻击者对多次发布的数据联合进行分析，破坏数据原有的匿名特性。

2. 社交网络匿名保护技术

社交网络产生的数据是大数据的重要来源之一，同时这些数据中包含大量用户隐私数据。由于社交网络具有图结构特征，其匿名保护技术与结构化数据有很大不同。社交网络中的典型匿名保护需求为用户标识匿名与属性匿名（点匿名），在数据发布时隐藏用户的标识与属性信息；以及用户间关系匿名（边匿名），在数据发布时隐藏用户间的关系。而攻击者试图利用节点的各种属性（如度数、标签、某些具体连接信息等），重新识别出图中节点的身份信息。目前的边匿名方案大多是基于边的增删，随机增删交换边的方法可以有效地实现边匿名。其中文献在匿名过程中保持邻接矩阵的特征值和对应的拉普拉斯矩阵第二特征值不变，文献根据节点的度数分组，从度数相同的节点中选择符合要求的边进行交换。这类方法的问题是随机增加的噪声过于分散稀少，存在匿名保护不足。

3. 数据水印技术

数据水印是指将标识信息以难以察觉的方式嵌入数据载体内部且不影响其使用的方法，多见于多媒体数据版权保护。也有部分针对数据库和文本文件的水印方案。

由数据的无序性、动态性等特点所决定，在数据库、文档中添加水印的方法与多媒体载体上有很大不同。其基本前提是上述数据中存在冗余信息或可容忍一定精度误差。例如，Agrawal 等基于数据库中数值型数据存在误差容忍范围，将少量水印信息嵌入这些数据中随机选取的最不重要位。而 Sion 等提出一种基于数据集合统计特征的方案，将一比特水印信息嵌入一组属性数据中，防止攻击者破坏水印。此外，通过将数据库指纹信息嵌入水印中，可以识别出信息的所有者以及被分发的对象，有利于在分布式环境下追踪泄密者；通过采用独立分量分析技术（independent component analysis，ICA），可以实现无须密钥的水印公开验证。若在数据库表中嵌入脆弱性水印，可以帮助及时发现数据项的变化。

文本水印的生成方法种类很多，可大致分为基于文档结构微调的水印，依赖字符间距与行间距等格式上的微小差异；基于文本内容的水印，依赖修改文档内容，如增加空格、修改标点等；以及基于自然语言的水印，通过理解语义实现变化，如同义词替换或句式变化等。

上述水印方案中有些可用于部分数据的验证。例如，残余元组数量达到阈值就可以成功验证出水印。该特性在大数据应用场景下具有广阔的发展前景，如强健水印类（robust watermark）可用于大数据的起源证明，而脆弱水印类（fragile watermark）可用于大数据的真实性证明。存在问题之一是当前的方案多基于静态数据集，针对大数据的高速产生与更新的特性考虑不足，这是未来亟待提高的方向。

4. 数据溯源技术

如前所述，数据集成是大数据前期处理的步骤之一。由于数据的来源多样化，所以有必要记录数据的来源及其传播、计算过程，为后期的挖掘与决策提供辅助支持。早在大数据概念出现之前，数据溯源（data provenance）技术就在数据库领域得到广泛研究。其基本出发点是帮助人们确定数据仓库中各项数据的来源，如了解它们是由哪些表中的哪些数据项运算而成，据此可以方便地验算结果的正确性，或者以极小的代价进行数据更新。数据溯源的基本方法是标记法，如通过对数据进行标记来记录数据在数据仓库中的查询与传播历史，后来此概念进一步细化为 why 和 where 两类，分别侧重数据的计算方法以及数据的出处。除数据库以外，它还包括 XML 数据、流数据与不确定数据的溯源技术。数据溯源技术也可用于文件的溯源与恢复。例如通过扩展 Linux 内核与文件系统，创建了一个数据起源存储系统原型系统，可以自动收集起源数据。此外也有其在云存储场景中的应用。

未来数据溯源技术将在信息安全领域发挥重要作用，然而，数据溯源技术应用于大数据安全与隐私保护中还面临如下挑战。

第一，数据溯源与隐私保护之间的平衡。一方面，基于数据溯源对大数据进行安全保护首先要通过分析技术获得大数据的来源，然后才能更好地支持安全策略和安全机制的工作；另一方面，数据来源往往本身就是隐私敏感数据，用户不希望这方面的数据被分析者获得。因此，如何平衡这两者的关系是值得研究的问题之一。

第二，数据溯源技术自身的安全性保护。当前数据溯源技术并没有充分考虑安全问题，如标记自身是否正确、标记信息与数据内容之间是否安全绑定等。而在大数据环境下，其大规模、高速性、多样性等特点使该问题更加突出。

5. 大数据加密存储技术

传统的 DES、AES（advanced encryption standard，高级加密标准）等对称加密手段，虽能保证对存储的大数据隐私信息的加解密速度，但其密钥管理过程较为复杂，难以适用于有着大量用户的大数据存储系统。传统的 RSA、ElGamal 等非对称加密手段，虽然密钥易于管理，但算法计算量太大，不适用于对不断增长的大数据隐私信息进行加解密。数据加密加重了用户和平台的计算开销，同时限制了数据的使用和共享，造成了高价值数据的浪费。

同态加密算法可以允许人们对密文进行特定的运算，而其运算结果解密后与用明文进行相同运算所得的结果一致。全同态加密算法则能实现对明文所进行的任何运算，都可以转化为对相应密文进行恰当运算后的解密结果，将同态加密算法用于大数据隐私存储保护，可以有效避免存储的加密数据在进行分布式处理时的加解密过程。

第二节　安全问题

大数据在带来机遇的同时，也给社会和个人带来了安全问题。大数据引起越来越多的国家、企业和个人的注意，同时也吸引了越来越多不法分子和黑客的注意，在网络空间中，大数据成为更容易被"发现"的大目标，因为大数据包含巨大的数据资源，可以使得黑客一次获取更多的数据，能够让黑客从中获取更多的利益。

当前，随着数据的进一步集中和数据量的增大，传统的信息安全手段已经不能满足大数据时代的信息安全要求，数据的分布式处理也加大了数据泄露的风险，对大数据进行安全防护变得更加困难。

（1）云计算设施为数据窃密创造条件，安全威胁将持续加大。随着大数据、云计算技术的发展和应用，越来越多的大数据出现在云端，而大数据在云端的集中存储处理，使得安全保密风险也向云端集中，一旦云端服务器违规外联或被攻击，海量信息可在瞬间被集中窃取。

（2）大数据成为网络攻击的重点目标，加大了信息泄露风险。大数据的"大"，体现在数据被不断地处理和利用后，其价值会越来越大，正因为如此，大数据更易成为攻击者重点关注的大目标，从而意味着大风险。美国"棱镜门"事件显示，美国通过云计算和大数据技术，利用收集的公开数据并进行分析所获得的开源情报占其情报总量的85%左右，凸显大数据时代信息泄露风险不断加剧。

（3）大数据成为高级可持续威胁（advanced persistent threat，APT）攻击载体，应用于网络攻击手段。数据挖掘和数据分析等大数据技术可以被攻击者用来发起 APT 攻击。攻击者将 APT 攻击代码隐藏在大数据中，利用大数据发起僵尸网络攻击，能够同时控制大量傀儡机并发起攻击，使得攻击更加精准，从而严重威胁网络安全。

大数据的新特征对信息基础设施、存储、网络、信息资源等提出了更高的安全要求。在大数据应用的整个过程，需要关注传输数据的机密性保护，采用大数据存储的隐私保护、备份技术，研究关系型/非关系型数据库的大数据挖掘安全机制以及关注大数据发布审计技术；此外，针对 APT 攻击的防御技术也是需要研究的重点。当前，有关大数据安全的研究和实践已经逐步展开，包括科研机构、政府组织、企事业单位、安全厂商等在内的各方力量，正在积极推动与大数据安全相关的标准制定和产品研发，以便为大数据的大规模应用奠定更加安全和坚实的基础。

一、技术安全问题

国家信息基础设施自主可控程度低，数据安全面临严重威胁。众所周知，无论是我国政府部门、企业的信息系统还是个人的 PC、平板电脑、智能电话，很多都采用了国外公司的产品，全球 IT 巨头的思科、IBM、谷歌、高通、英特尔、苹果、Oracle、微软等公司，在过去几十年的中国信息化进程中，一直扮演着重要角色。我国通用处理器市场被英特尔和 AMD 等跨国公司垄断，整机市场被 IBM、HP 和 Sun 等少数国际厂商瓜分，操作系统、大型数据库等基础软件大部分来自国外企业，思科等厂商所生产的网络设备在我国也占据市场主导地位，这种现状严重影响着我国在大数据时代信息安全的基础，国家大数据安全防护技术和手段不足，难以提供有效安全保障。目前我国的行业云承载着事关国家国计民生、经济运行的业务系统和数据，云计算的发展必将导致信息在收集、传输、储存、处理等各个环节上进一步集中，将使得信息安全问题成为中国云建设的焦点问题。云计算环境采用虚拟化技术和多租户服务模式，硬件资源的高度整合及网络架构的统一，使得传统安全中的物理边界消失；大数据在云端的集中存储，使得原本分散在用户终端的安全保密风险向云计算中心集中，一旦云端服务器遭到入侵，或者云端系统提供方在系统中留有后门，信息安全的堡垒将大门洞开；数据拥有权与物理控制权的分离，以及云端数据存储位置的不确定性，使得数据所有者难以监管数据的安全性；而作为云计算核心技术的虚拟化技术，其安全体系的不明确和安全机制的不完善，也带来了不容忽视的安全风险，同时，攻击隐藏在云中，给安全事件的追踪分析增加了困难。此外，云计算服务软件分发和移动互联网接入的开放性，也为网络攻击提供了更多的路径，成为新的安全威胁，而信息安全防护技术的演进和手段的创新远没有跟上大数据非线性增长的步伐，对大数据进行安全防护变得日益困难，大数据安全隐患更加凸显。

二、数据安全问题

正如 Gartner 所说："大数据安全是一场必要的斗争。"在大数据时代，无处不在的智能终端、互动频繁的社交网络和超大容量的数字化存储，不得不承认大数据已经渗透到各个行业领域，逐渐成为一种生产要素发挥着重要作用，成为未来竞争的制高点。大数据所含信息量较高，虽然相对价值密度较低，但是对它里面所蕴藏的潜在信息，随着快速处理和分析提取技术的发展，可以快速捕捉到有价值的信息以提供参考决策。然而，大数据掀起新一轮生产率提高和消费者盈余浪潮的同时，随之而来的是信息安全的挑战。

1. 网络化社会使大数据易成为攻击目标

网络化社会的形成，为大数据在各个行业领域实现资源共享和数据互通搭建平台与通道。基于云计算的网络化社会为大数据提供了一个开放的环境，分布在不同地区的资源可以快速整合、动态配置，实现数据集合的共建共享。而且，网络访问便捷化和数据流的形成，为实现资源的快速弹性推送和个性化服务提供基础。正因为平台的暴露，蕴含着海量数据和潜在价值的大数据更容易吸引黑客的攻击。也就是说，在开放的网络化社会，大数据的数据量大且相互关联，对于攻击者而言，相对低的成本就可以获得"滚雪球"的收益。从近年来在互联网上发生的用户账号的信息失窃等连锁反应可以看出，大数据更容易吸引黑客，而且一旦遭受攻击，失窃的数据量也是巨大的。

2. 非结构化数据对大数据存储提出新要求

在大数据之前，我们通常将数据存储分为关系型数据库和文件服务器两种。当前大数据汹涌而来，数据类型的千姿百态也使我们措手不及。对于将占数据总量 80%以上的非结构化数据，虽然 NoSQL 数据存储具有可扩展性和可用性等优点，利于趋势分析，为大数据存储提供了初步解决方案，但是 NoSQL 数据存储仍存在以下问题：一是相对于严格访问控制和隐私管理的 SQL 技术，目前 NoSQL 还无法沿用 SQL 的模式，而且适应 NoSQL 的存储模式并不成熟；二是虽然 NoSQL 软件从传统数据存储中取得经验，但 NoSQL 仍然存在各种漏洞，毕竟它使用的是新代码；三是由于 NoSQL 服务器软件没有内置足够的安全，所以客户端应用程序需要内建安全因素，这又反过来导致产生诸如身份验证、授权过程和输入验证等大量的安全问题。

3. 技术发展增加了安全风险

随着计算机网络技术和人工智能的发展，服务器、防火墙、无线路由等网络设备和数据挖掘应用系统等技术越来越广泛，为大数据自动收集以及智能动态分析提供了便利。但是，技术发展也增加了大数据的安全风险。一方面，大数据本身的安全防护存在漏洞。虽然云计算为大数据提供了便利，但对大数据的安全控制力度仍然不够，API 访问权限控制以及密钥生成、存储和管理方面的不足都可能造成数据泄漏。而且大数据本身可以成为一个可持续攻击的载体，隐藏在大数据中的恶意软件和病毒代码很难被发现，从而达到长久攻击的目的。另一方面，攻击的技术提高了。在用数据挖掘和数据分析等大数据技术获取价值信息的同时，攻击者也在利用这些大数据技术进行攻击。

下篇

行业应用篇

引　例

农夫山泉的矿泉水销售

上海城乡接合部九亭镇新华都超市的一个角落，农夫山泉的矿泉水堆头静静地摆放在这里，来自农夫山泉的业务员每天例行公事地来到这个点，拍摄 10 张照片：水怎么摆放、位置有什么变化、高度如何……这样的点每个业务员一天要跑 15 个，按照规定，下班之前 150 张照片就被传回杭州总部。每个业务员每天产生的数据量为 10 MB，这似乎并不是个大数字，如图引所示。

图引　农夫山泉

但农夫山泉全国有 10 000 个业务员，这样每天的数据就是 100 GB，每月为 3 TB。当这些图片如雪片般进入农夫山泉在杭州的机房时，这家公司的 CIO（chief information officer，首席信息官）胡健就会有这么一种感觉：守着一座金山，却不知道从哪里挖下第一锹。

胡健想知道的问题包括：怎样摆放水堆更能促进销售？什么年龄的消费者在水堆前停留更久？他们一次购买的量多大？气温的变化让购买行为发生了哪些改变？竞争对手的新包装对销售产生了怎样的影响？不少问题目前也可以回答，但它们更多是基于经验，而不是基于数据。

从 2008 年开始，业务员拍摄的照片就这么被收集起来，如果按照数据的属性来分类，图片属于典型的非关系型数据，还包括视频、音频等，要系统地对非关系型数据进行分析是胡健设想的下一步计划，这是农夫山泉在大数据时代必须迈出的步骤。如果超市、金融公司与农夫山泉有某种渠道来分享信息，如果类似图像、视频和音频资料可以系统分析，如果人的位置有更多的方式可以被监测到，那么摊开在胡健面前的就是一幅基于人类消费行为的画卷，而描绘画卷的是一组组复杂的"0、1、1、0"。

SAP（恩爱普）全球执行副总裁、中国研究院院长孙小群接受《中国企业家》采访时表示，企业对于数据的挖掘使用分三个阶段："一开始是把数据变得透明，让大家看到数据，能够看到数据越来越多；第二步是可以提问题，可以形成互动，很多支持的工具来帮我们做出实时分析；而 3.0 时代，信息流来指导物流和资金流，现在数据要告诉我们未来，告诉我们往什么地方走。"

SAP 从 2003 年开始与农夫山泉在企业管理软件 ERP（enterprise resource planning，企业资源计划）方面进行合作，彼时，农夫山泉仅仅是一个软件采购和使用者，而 SAP 还是服务商的角色。等到 2011 年 6 月，SAP 和农夫山泉开始共同开发基于饮用水这个产业形态中运输环境的数据场景。

关于运输的数据场景到底有多重要呢？将自己定位成"大自然搬运工"的农夫山泉，在全国有 10 多个水源地。农夫山泉把水灌装、配送、上架，一瓶超市售价 2 元的 550 毫升饮用水，其中 3 毛钱花在了运输上。在农夫山泉内部，有着"搬上搬下，银子哗哗"的说法。如何根据不同的变量因素来控制自己的物流成本，成为问题的核心。

基于上述场景，SAP 团队和农夫山泉团队开始了场景开发，它们将很多数据纳入其中：高速公路的收费、道路等级、天气、配送中心辐射半径、季节性变化、不同市场的售价、不同渠道的费用、各地的人力成本，甚至是突发性的需求（如某城市召开一次大型运动会）。

在没有数据实时支撑时，农夫山泉在物流领域花了很多冤枉钱。例如某个小品相的产品（350 毫升饮用水）在某个城市的销量预测不到位时，公司以往通常的做法是通过大区间的调运，来弥补终端货源的不足。华北往华南运，运到半道的时候，发现华东实际有富余，从华东调运更便宜，但很快发现对华南的预测有偏差，华北短缺更为严重，华东开始往华北运，此时如果太湖突发一次污染事件，很可能华东又出现短缺。

这种没头苍蝇的状况让农夫山泉头疼不已。在采购、仓储、配送这条线上，农夫山泉特别希望大数据解决三个顽症：首先，解决生产和销售的不平衡，准确获知该产多少、送多少；其次，让 400 家办事处、30 个配送中心能够纳入体系中来，形成一个动态网状结构，而非简单的树状结构；最后，让退货、残次等问题与生产基地能够实时连接起来。也就是说，销售的最前端成为一个个神经末梢，它的任何一个痛点，在大脑这里都能快速被感知到。

"日常运营中，我们会产生销售、市场费用、物流、生产、财务等数据，这些数据都是通过工具定时抽取到 SAP BW 或 Oracle DM，再通过 Business Object 展现。"胡健表示，这个"展现"的过程长达 24 小时，也就是说，在 24 小时后，物流、资金流和信息流才能汇聚到一起，彼此关联形成一份有价值的统计报告。当农夫山泉的每月数据积累达到 3 TB 时，这样的速度导致农夫山泉每个月财务结算都要推迟一天。更重要的是，胡健等农夫山泉的决策者们只能依靠数据来验证以往的决策是否正确，或者对已出现的问题做出纠正，仍旧无法预测未来。

2011 年，SAP 推出创新性的数据库平台 SAP Hana，农夫山泉则成为全球第三个、亚洲第一个上线该系统的企业，并在当年 9 月宣布系统对接成功。

胡健选择 SAP Hana 的目的只有一个，快些，再快些。采用 SAP Hana 后，同等数据量的计算速度从过去的 24 小时缩短到了 0.67 秒，几乎可以做到实时计算结果，这让很多不可能的事情变为了可能。

　　这些基于饮用水行业的实际情况反映到孙小群这里时，这位 SAP 全球研发的主要负责人非常兴奋。基于饮用水的场景，SAP 并非没有案例，雀巢就是 SAP 在全球范围长期的合作伙伴。但是，欧美发达市场的整个数据采集、梳理、报告已经相当成熟，上百年的运营经验让这些企业已经能从容面对任何突发状况，它们对新数据解决方案的渴求甚至还不如中国本土公司强烈。

　　对农夫山泉董事长钟睒睒而言，精准地管控物流成本将不再局限于已有的项目，也可以针对未来的项目。这位董事长将手指放在一台平板电脑显示的中国地图上，随着手指的移动，建立一个物流配送中心的成本随之显示出来，数据在不断飞快地变化，好像手指移动产生的数字涟漪。

　　以往，钟睒睒的执行团队也许要经过长期的考察、论证，再形成一份报告提交给董事长，给他几个备选方案，到底设在哪座城市还要凭借经验来做判断。但现在，起码从成本方面已经一览无余，剩下的可能是当地政府与农夫山泉的友好程度这些无法测量的因素。

　　从 2008 年起，经过长达 8 年的数据驱动企业改造，利用大数据的变革，农夫山泉的管理有了以下三大改变。

　　（1）可以做到实时计算结果，过去认为不可能的事情变为可能。

　　（2）决策者们依靠数据来验证以往的决策是否正确。

　　（3）对已经出现的问题做出纠正，并预测未来。

　　有了强大的数据分析能力做支持后，农夫山泉近年以 30%～40%的年增长率，在饮用水方面快速超越了原先的三甲：娃哈哈、乐百氏和可口可乐。根据国家统计局 2013年公布的数据，饮用水领域的市场份额，农夫山泉、康师傅、娃哈哈、可口可乐的冰露，分别为 34.8%、16.1%、14.3%、4.7%，农夫山泉几乎是另外三家之和。对于胡健来说，下一步他希望那些业务员收集来的图像、视频资料可以被利用起来。

　　获益的不仅仅是农夫山泉，SAP 迅速将其在农夫山泉场景中积累的经验复制到神州租车身上。"我们客户的车辆使用率在达到一定百分比之后出现瓶颈，这意味着还有相当比率的车辆处于空置状态，资源尚有优化空间，通过合作创新，我们用 SAP Hana 为他们特制了一个算法，优化租用流程，帮助他们打破瓶颈，将车辆使用率再次提高了15%。"

第七章

大数据产业链

第一节 大数据产业链概述

大数据产业链按照数据价值实现流程包括数据组织与管理层、数据分析与发现层、数据应用与服务层三大层，每一层都包含相应的 IT 技术设施、软件与信息服务，如图 7-1 所示。因为大数据产业能够为社会管理、企业创新、个人生活等多领域带来巨大的经济效益和社会效益，已经吸引了大量的 IT 企业积极投资与布局大数据相关软硬件产品与服务，这极大促进了 IT 技术的创新。

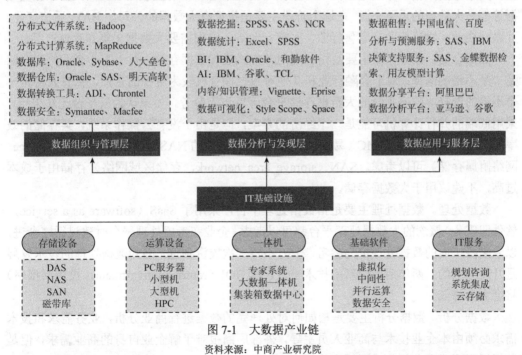

图 7-1 大数据产业链

资料来源：中商产业研究院

在数据组织与管理层，涉及虚拟化、数据安全、分布式文件系统、数据库、数据仓库、数据转换工具等软件销售与租赁；支撑数据组织与管理的存储设备、服务器、一体机等 IT 基础设施硬件的生产、销售与租赁；支撑数据组织与管理的平台规划咨询、系统集成、云存储等服务。

在数据分析与发现层，涉及并行运算、数据统计、内容/知识管理、数据挖掘、商务智能、人工智能、语义分析、数据可视化等软件销售与租赁；支撑数据分析与发现的服务器、高性能计算设备、一体机等 IT 基础设施硬件的生产、销售与租赁；支撑数据分析与发现的计算平台咨询规划、系统集成等服务。

在数据应用与服务层，涉及数据租售业务、分析预测服务、决策支持服务、数据分享平台、数据分析平台等商业模式为最终用户提供原始数据、数据价值、数据能力的服务集合，还包括支撑数据分析与共享平台的 IT 基础设施等硬件销售与租赁、系统集成、运营管理服务。

由于大数据及大数据技术是一个工具，无法像互联网企业那样形成一个大数据生态圈，形成闭环，但从数据的收集、存储、处理、分析、销毁等方面分析，可以形成大数据产业链。

数据收集。数据收集主要是指各种数据通过传感器或其他方式被采集，大数据的采集除了传统的互联网入口、社交平台、搜索引擎、电商交易数据、在线问答、企业业务数据外，移动互联网的 APP 将是一个重要的数据入口，如通过手机 APP 内嵌的 SDK 将手机 APP 上的用户行为数据集中进行收集和处理，Talking Data 目前是这一领域领先的大数据厂商，它们既有大数据，又有数据管理平台（date management platform，DMP）。摄像头采集的数据、导航地图的轨迹数据、物流信息、移动互联网 APP 的 LBS 位置数据等都是大数据的重要来源。在这个阶段主要是指拥有大数据的公司如 BAT，通信行业、互联网企业、物流行业、零售行业、医疗行业等，它们需要大数据采集和存储产品。

数据存储。数据存储主要是指利用何种方式进行数据存储，对于中小企业，云存储是一个不错的选择；对于金融行业和其他对数据保有权较为重视的企业，私有云将是一个不错的选择。政府主导的大数据存储平台可以作为参考。如果认为云平台无法采用，采用低端的并行计算机可能是一个经济的方案，但是由于没有云操作系统，其存储的效率是一个较大的挑战。EMC（易安信）、NetAPP、日立的 NAS（network attached storage，网络附属存储）可以考虑。SAN（storage area network，存储区域网络）存储由于成本过高，不建议用于大数据存储。

数据处理。数据处理主要是指数据处理平台，采用了 SaaS（software as a service，软件即服务）概念的大数据处理平台都可以考虑。企业在考虑处理平台时建议循序渐进，以未来两年内的数据处理量为参考，千万不要一次投资到位，因为数据处理的技术发展是几何级数的，两年后采用新的技术平台，其 ROI（return on investment，投资回报率）将会大大降低。

数据分析。数据分析主要是指如何对处理完的数据进行商业分析，业务需求和技术需求必须由本企业技术与商业人员主导，外部厂商很难了解企业自身的商业需求，但是数据展现形式和分析方式可以交给厂商来做。

数据销毁。数据销毁主要是指数据如何进行安全管理，对于不再需要的数据如何进行销毁。鉴于数据的数量较大，存储需要重用，因此数据索引删除、数据空间 7 次重写、数据混淆、数据对称加密等方式都可以用作数据销毁。目前此阶段市场需求不多，因此还没有较为成熟的方案和厂商，未来将会有安全厂商进入此领域。

由于目前大数据产业的商业模式和盈利模式还在探索之中，大数据带来的直接收益还没有明确，目前主要的商业形式还是大型企业自身的大数据应用（如大数据计算平台，大数据采集和分析，数据分析报告），行业应用处于一个探索的阶段，国外的大数据投资在 2005 年就开始了，很多高科技企业已经在大数据产业链上投入巨资进行技术开发和行业应用。

第二节　大数据产业主要构成市场

一、存储市场

（一）存储市场总体规模

在信息化趋势下，电子政务、物联网、三网合一、云计算、数字化医院、数字校园、自动化办公等在国民经济各领域的应用日益广泛，数据量呈爆炸式增长，而随着数据大集中、数据挖掘、商业智能、协同作业等技术的成熟，数据价值呈指数上升。在此背景下，无论是国家经济运转还是国民日常生活，都和数据息息相关，必然导致存储（包括数据存储、数据保护和数据容灾等领域）需求的持续快速增长，使得存储行业成为信息产业中最具持续成长性的领域之一（图 7-2）。

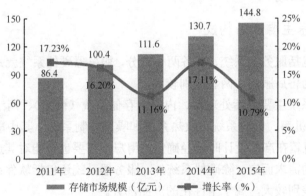

图 7-2　2011～2015 年中国存储市场规模增长趋势

资料来源：IDC、中商产业研究院

2016 年中国存储市场规模达到 21 亿美元，即 140 亿元人民币左右。其中大部分份额为国外厂商占据。目前本土公司中，华为是存储领域技术最强的一家，在金融电信等技术要求较高的领域份额也最大，随后的公司包括浪潮、同有、曙光，以及技术见长的宏杉等。目前存储行业正面临云计算带来的分布式存储，以及闪存和相变存储等新技术的革新，未来本土存储市场的格局尚不完全清晰。

（二）存储市场产品构成

1. 存储本身结构

从存储本身结构来看，存储分为 SAN 和 NAS 两大类。NAS 本身具有操作系统，提供的是文件级的服务，所以 NAS 的特点是支持不同操作系统的客户端同时共享访问，而且独立提供多种网络服务，使用方便。而 SAN 提供的是块级别的存储访问，所以 SAN 的特点是直接读写磁盘块，效率高，但格式的不同也决定了不同操作系统的客户端不能共享同一个 SAN 的卷。

NAS 和 SAN 的结构不同，对比两者，同档次的产品中 SAN 的处理能力较强、稳定性较高；但是 NAS 能提供独立网络服务，支持跨操作系统的客户端，从而降低成本而使用方便。

2. 存储磁盘类型

从存储使用的磁盘类型来看，可分为使用 SCSI（小型计算机系统接口）硬盘或者 SATA（串行高级技术附件）硬盘。SCSI 原为小型机系统接口，由美国施加特（Shugart）公司［希捷（Seagate）的前身］研发并制定，由于 SCSI 控制器上有一个相当于 CPU 功能的控制芯片，能够部分降低系统 CPU 占用率，所以 SCSI 硬盘稳定而高效。SATA 硬盘从 ATA（高技术配置）硬盘发展而来，SATA 是由英特尔、IBM、Dell、APT、Maxtor 和 Seagate 公司共同提出的硬盘接口规范，其特点是在控制成本的基础上，提供接近 SCSI 硬盘的性能。SAN 由于重视处理性能，所以常用 SCSI 硬盘，而 SATA 硬盘较多用于 NAS。

二、服务器市场

（一）服务器主要产品构成

服务器产品包括服务器系统、服务两大部分，服务器硬件系统就是通常所指的服务器，服务被淡化为售后服务，两者区别较大。

服务器硬件系统主要包括处理器、内存、存储系统（硬盘）、网络系统（一般与主板集成）、主板、机箱、电源系统、散热系统和噪声控制系统。其中散热系统和噪声控制系统、主板和机箱在产品设计时已经确定，用户不需要也不能对其选择，但对其他部件可以根据用户的需求而定。除硬件系统外，服务器系统还包括软件系统部分，这个因服务器厂商不同差别较大，属于个性化的产品部分。

服务是服务器产品的重要组成部分，它包含两部分：其一，服务器厂家在服务器产品出现故障时对用户的支持（传统的售后服务部分），如维修、设备调试及设备更换等；其二，服务器厂家为了保证服务器产品而投入的备件储备与技术储备，这一部分用户很难直接看到，只能通过第一种方式间接反映，一个服务器厂家的服务好坏，与第二部分的投入实力有直接关系。

（二）服务器市场概况分析

从 2015 年全年来看，全球服务器出货量增长 9.9%，收入增加 10.1%，x86 服务器仍是全球各地增建大型数据中心所采用的主流平台，而整合系统虽在硬件基础架构市场占比相对较低，但对 x86 服务器领域全年增长还是有不小的贡献。云计算催生了中国市场规模化数据中心的立项和建设，大规模乃至超大规模数据中心的建设越来越热，全面带动服务器出货量的提升，特别是中国 x86 服务器市场，行业的推动力不容小觑，服务

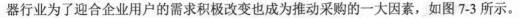

器行业为了迎合企业用户的需求积极改变也成为推动采购的一大因素，如图7-3所示。

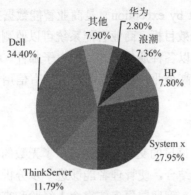

图7-3　2015年中国服务器市场品牌关注比例分布
资料来源：中商产业研究院

另外，在国产化趋势的应用背景下，中国本土厂商整体份额大幅增长，以浪潮、华为、联想为主的国产阵营所占的市场份额已经超过 40%，其中联想 ThinkServer 成为最受关注的国产服务器产品，其收购 IBMx86 服务器后市场份额将领先国内厂商。同时，在中国整体服务器市场上，浪潮、曙光等国内企业在不同类型服务器上正逐渐赶超国外巨头。

三、商业智能市场

（一）商业智能发展历程

商业智能于 1996 年最早由加特纳集团（Gartner Group）提出，其定义为：商业智能描述了一系列的概念和方法，通过应用基于事实的支持系统来辅助商业决策的制定，商业智能技术提供使企业迅速分析数据的技术和方法，包括收集、管理和分析数据，并将这些数据转化为有用的信息，然后分发到企业各处。商业智能能够辅助的业务经营决策，既可以是操作层的，也可以是战术层和战略层的。为了将数据转化为知识，需要利用数据仓库、联机分析处理（online analytical processing，OLAP）工具和数据挖掘等技术。因此，从技术层面上讲，商业智能不是什么新技术，它只是数据仓库、OLAP 和数据挖掘等技术的综合运用。

（二）商业智能应用价值

1. 产品销售管理

产品销售管理包括产品的销售策略、销售量分析、影响产品销售的因素分析及产品销售的改进方案预测，通过系统存储的产品销售信息建立销售模型，分总体销售模型和区域、部门销售模型。对产生不同结果的销售模型分析其销售量和销售策略，进行销售影响的因素分析和评估，根据不同的销售环境对相应的产品销售方案进行产品上架和下架计划，提高企业营销额。通过历史数据分析，还可以建立提高销售量的预测模型。

2. 异常处理

异常处理（management by exception）是商业智能数据挖掘应用的典型事例，由于能实时而持续地计算各种绩效目标，商业智能系统可以监测其与计划目标的偏差。当偏差过大时，系统在第一时间以各种通信方式，如电子邮件，将偏差状况通知企业责任主管，从而降低企业风险、提高企业收益。其具体应用有信用卡分析、银行及保险等行业的欺诈监测等。

3. 事实管理

维持企业营运的系统在每日的交易之中，累积了无数的事实与知识。商业智能系统将企业目标、例外与事实相结合，使管理者能够进一步分析原因或趋势，查询并探测相关信息。在信息缺乏的年代，管理层更多依靠个人经验和直觉进行管理，制定决策。而在知识经济时代，企业必须实施事实管理（management by fact），不靠幻想与感觉，在了解企业每日的商务情况的基础上，利用商业智能进行科学决策。

4. 客户关系管理

顾客是企业生存的关键因素，对企业来说进行客户关系管理（customer relationship management，CRM）是一项重要的工作。通过商业智能的客户关系管理子系统，企业可以分析顾客消费习惯和消费倾向，提高顾客满意度，进而采取相应对策增强顾客保持力，培养忠实顾客，维持良好的客户关系。

第三节　大数据产业链主体企业分析

一、语音识别

（一）百度语音

百度语音是一种全新的搜索模式，用户可以使用语音说出搜索的意图，如"明天天气如何""宫保鸡丁的做法"等，就能立刻得到想要的结果。对比手机端的文本键盘输入，百度语音搜索是更自然的、符合移动设备的交互方式。在百度强大的人工智能技术支持下，语音搜索前景广阔。

语音搜索让用户免去打字的烦琐，使搜索的整个过程更流畅、更便捷。百度语音搜索不仅仅是语音识别和搜索的简单相加，而是语音技术、自然语言处理、智能搜索三方面的完美融合，以更自然的交互方式更准确地识别用户所说、更精准地理解用户需求，进而为用户提供更满意的结果。它更懂得理解和思考，最终将帮助人们更便捷、自然地获取信息、找到所求，并带动整个生态的发展。

目前，已通过人工智能做到"听"和"说"，而且还尝试完成人类复杂的行为——沟通。集语音识别、语义理解、深度问答、知识推理、多轮对话、智能摘要、情感分析、语言生成、语音合成等能力于一身后，百度语音搜索已经能够满足用户的多种复杂需求。百度语音搜索在知识推理、深度问答以及消歧等方面都有良好的表现，区别于使用文本搜索，当语音搜索有准确答案时，它能够根据问法去组织回答的语言，并通过声音反馈来回答问题。

（二）科大讯飞

安徽科大讯飞信息科技股份有限公司（以下简称"科大讯飞"）成立于1999年，是一家专业从事智能语音及语音技术研究、软件及芯片产品开发、语音信息服务的国家级骨干软件企业。科大讯飞在语音技术领域是基础研究时间最长、资产规模最大、历届评测成绩最好、专业人才最多及市场占有率最高的公司，其智能语音核心技术代表了世界的最高水平。

基于拥有自主知识产权的世界领先智能语音技术，科大讯飞已推出从大型电信级应用到小型嵌入式应用，从电信、金融等行业到企业和家庭用户，从 PC 到手机到 MP3/MP4/PMP 和玩具，能够满足不同应用环境的多种产品。科大讯飞占中文语音技术市场 60% 以上市场份额，语音合成产品市场份额达到 70% 以上，在电信、金融、电力、社保等主流行业的份额更达 80% 以上，开发伙伴超过 500 家，以科大讯飞为核心的中文语音产业链已初具规模。

2015 年，科大讯飞智能语音核心技术优势持续提升。语音识别方面，面向人机语音交互的语音听写正确率再次实现大幅提升，并率先实现个性化语音识别成功应用；面向人与人之间交流的语音转写技术取得显著进步，达到可用门槛，并在基于麦克风阵列等方案的软硬件一体化的远场语音识别方面实现突破，大幅拓展了语音识别的适用范围和场景；在声纹语种识别、关键词检出等信息安全领域权威测试中以显著优势荣获第一，为语音技术在信息安全领域的应用提供重要支撑。

二、视频识别

（一）海康威视

海康威视是领先的安防产品及行业解决方案提供商，致力于不断提升视频处理技术和视频分析技术，面向全球提供领先的安防产品、专业的行业解决方案与优质的服务，为客户持续创造更大价值。

海康威视拥有业内领先的自主核心技术和可持续研发能力，提供摄像机/智能球机、光端机、DVR/DVS/板卡、BSV 液晶拼接屏、网络存储、视频综合平台、中心管理软件等安防产品，并针对金融、电信、交通、司法、教育等众多行业提供合适的细分产品与专业的行业解决方案，这些产品和方案面向全球 100 多个国家与地区，在北京奥运会、大运会、亚运会、上海世博会、60 年国庆大阅兵、青藏铁路等重大安保项目中得到广泛应用。

海康威视选择与 BAT、京东等共同烘热"云视频"的市场，并以其快、准、狠的联合速度成为互联网安防跨界合作的标杆。从 2014 年 6 月起，自定义为"互联网安防的领导者和视频内容服务商"的海康威视旗下品牌——萤石在短短 5 个月内迅速完成和上述互联网巨头的战略合作，合作内容涵盖硬件定制、双品牌合作、智能硬件平台对接、云平台对接等各方面。其中，"萤石云视频" APP 可基于移动互联网实现实时监控、对话，产品与视频展示及云存储等功能。据估算，海康威视现已投入超亿元打造"萤石"品牌，在官网、天猫、京东以及 1000 多家线下渠道进行销售，实现用户月活跃度超过 80%。

（二）华平信息技术股份有限公司

华平信息技术股份有限公司（以下简称"华平"）是领先的多媒体通信系统和智慧城市解决方案提供商，致力于向社会提供先进的视音频通信产品、监控指挥产品，以及专业的行业智慧化解决方案。

华平以视音频通信产品和图像智能化集成应用的研发设计为核心，是全球少数几家能够实现视频会议、视频监控、应急指挥调度、电话会议、即时通信、视频点播等业务融合的专业厂商，可为用户提供企业级的远程视频会议、监控指挥解决方案和城市级的平安城市、智能交通、在线教育、数字医疗、视频银行等智慧化解决方案。

华平高度重视自主研发和创新能力的培养，始终保持高比例的研发投入，推动产品和技术水平的持续领先。公司在基于互联网的视频会议市场连续多年保持第一；在高清视频会议、监控指挥、视音频综合集成市场处于领先地位；在多媒体通信核心技术领域处于世界领先水平。

三、信息安全

（一）卫士通信息产业股份有限公司

卫士通信息产业股份有限公司（以下简称"卫士通"）为国内首家专业从事信息安全的股份制企业。10 余年的技术人才积淀以及资本市场的影响力，打造了其在信息安全领域"国家队"的品牌。2008 年，公司在深圳证券交易所（以下简称"深交所"）上市，成为中国"信息安全第一股"，2014 年，公司通过重大资产重组，收购三零盛安、三零瑞通和三零嘉微三家信息安全企业，形成从芯片到模块、从单机到系统的信息安全完整产业链，进一步增强卫士通市场竞争能力。

卫士通经过 10 余年的耕耘，从核心的密码技术应用持续拓展，发展成为拥有三大类产品体系、近 20 个产品族类、100 余个产品/系统的国内最大信息安全产品供应商；并以完整的产品线优势，基于 ISSE（information system security engineering，信息系统安全工程）体系框架为电力、金融以及其他大型企业集团、中小企业及事业单位等用户提供以"安全咨询、安全评估、安全建设、安全运维"为主要内容的信息系统全生命周期的安全集成与服务。此外，公司基于安全特色进行了同心多元化业务拓展，以业务转型、新行业、新市场开拓、资本运作为策略，在大数据、云计算、两化融合、移动互联网、物联网等新技术领域积累了宝贵经验。

公司在"从产品提供商向行业解决方案提供商转型，从信息安全向安全信息转型"

的发展理念指引下，初步打造了从密码算法、芯片、平台、系统到集成服务的完整产业链，紧密围绕商用密码技术、网络安全、终端安全、数据安全、应用安全、内容安全和管理安全，努力构建技术先进、功能完善、种类丰富的产品线。

（二）启明星辰

启明星辰拥有完善的专业安全产品线，横跨防火墙/UTM、入侵检测管理、网络审计、终端管理、加密认证等技术领域，并根据客户需求不断增加。启明星辰解决方案为客户的安全需求与信息安全产品、服务之间架起桥梁，将客户的安全保障体系与信息安全核心技术紧密相连，帮助其建立完善的安全保障体系。

作为信息安全行业的领军企业，启明星辰以用户需求为根本动力，研究开发了完善的专业安全产品线。通过不断耕耘，已经成为在政府、电信、金融、能源、交通、制造等领域国内高端企业级客户的首选品牌，为世界 500 强中 60%的中国企业客户提供安全产品及服务。在金融领域，启明星辰对政策性银行、国有控股商业银行、全国性股份制商业银行实现 90%的覆盖率。在电信领域，启明星辰为中国移动、中国电信、中国联通三大运营商提供安全产品、安全服务和解决方案。

2015 年 4 月，启明星辰携手网御星云发布"天工融合秩序的工业控制系统信息安全产品体系"。启明星辰与网御星云针对不同行业客户进行了大量的访谈调研、现场工具监测以及模拟现场环境重现，结合启明星辰、网御星云在信息安全领域多年的丰富经验共同提出 ICS（工业控制系统）信息安全纵深防御思路。该思路首先考虑到将风险前置，即系统上线前进行全面安全评估之后，为工业控制系统提供防护，实现"垂直分层，水平分区；边界控制，内部监测"。基于 ICS 信息安全纵深防御思路，启明星辰推出了以融合秩序为核心的 ICS 信息安全产品与服务的解决方案。

四、商业智能

（一）用友公司

用友成立于 1988 年，是亚太地区领先的企业管理软件、企业互联网服务和企业金融服务提供商，是中国最大的 ERP、CRM、人力资源管理、商业分析、内审、小微企业管理软件和财政、汽车、烟草等行业应用解决方案提供商。用友 iUAP 平台是中国大型企业和组织应用最广泛的企业互联网开放平台，畅捷通平台支持千万级小微企业公有云服务。用友在金融、医疗卫生、电信、能源等行业应用以及企业协同、企业通信、企业支付、P2P、培训教育、管理咨询等服务领域快速发展。

基于移动互联网、云计算、大数据等先进互联网技术，用友通过企业应用软件、企业互联网服务、互联网金融服务提升了中国和全球企业及组织的互联网化。2014 年底，中国及亚太地区拥有超过 220 万家企业与公共组织通过使用用友企业应用软件、企业互联网服务、互联网金融服务，实现精细管理、敏捷经营、商业创新。其中，中国 500 强企业超过 60%是用友的客户。

（二）北京久其软件股份有限公司

北京久其软件股份有限公司（以下简称"久其软件"）是中国领先的管理软件供应商，主要从事报表管理软件、大数据、集团管控、电子政务和移动互联领域软件的研发与推广，长期致力于为政府部门和企业集团提供咨询及信息化管理解决方案。

久其软件以战略化咨询、平台化技术、专业化服务打造精细化的产品和解决方案，通过丰富的业务积累和实施经验，不断创新产品与服务平台。久其软件研究设计开发的决算报表、合并报表、商业智能与决策分析、全面预算、集中核算、财务辅助办公管理、资产管理、战略绩效、风险管控、项目管理、经营统计和综合业务应用等系统在统计、交通、通信、金融、能源、化工、旅游和商贸等多个领域发挥着重要作用，久其软件的政府管理与服务解决方案（government management and service，GMS）、企业集团管控解决方案（government management and control，GMC）、久其云服务等优秀解决方案正在为广大用户提供系统专业的信息化支持。久其格格云报表产品凭借在线表格创新实力荣获中国互联网领袖峰会暨中国互联网企业竞争力高峰论坛颁发的 2015 年度中国互联网行业创新产品奖。

五、数据中心

（一）中科曙光

中科曙光是一家在科技部、信息产业部、中科院大力推动下，以国家"863"计划重大科研成果为基础组建的高新技术企业，公司主要从事研究、开发、生产制造高性能计算机、通用服务器及存储产品，并围绕高端计算机提供软件开发、系统集成与技术服务。

中科曙光是国内高性能计算领域的领军企业，亚洲第一大高性能计算机厂商，由中科曙光研发的"星云"高性能计算机在第 35 届全球超级计算机"TOP 500"中以每秒系统峰值达 3000 万亿次（3PFlops）、每秒实测线性系统软件包（linear system package）值达 1.271 千万亿次的速度，取得了全球第二的成绩，成为世界上第 3 台实测性能超千万亿次的超级计算机，再次向世界力证了"中国速度"，曙光系列产品的问世，为推动我国高性能计算机的发展做出了不可磨灭的贡献。中科曙光始终专注于服务器领域的研发、生产与应用，依托超级计算机的扎实功底，立足自主研发，通过不断技术创新，构建出拥有完全自主知识产权的全系列精品服务器，能全面满足用户从超级计算机到普通 PC 服务器的各项应用需求，在互联网、金融、电信、气象、电力等多个行业有着大量成功应用。

随着中国经济发展进入新阶段，"互联网＋"、"一带一路"、中国制造 2025 等国家战略和倡议加速了各行业的转型，也加速了信息产业从 IT 时代向数据时代的过渡，数据将成为国家、行业和企业的核心竞争力与生产力。中科曙光于 2015 年初提出"数据中国"（data China）战略，其主要内核体现为：建立起覆盖全国的以城市、行业、企业为单位的"数据神经元"，并有机联结、编织中国信息化"数据网络"；提供符合政府标准、体系完善的数据运营服务，令数据得以协调共享、高效利用，让社会各界共享数据价值。

（二）浪潮集团

浪潮集团有限公司，即浪潮集团，是中国本土综合实力强大的大型 IT 企业之一，是国内领先的云计算领导厂商、先进的信息科技产品与解决方案服务商，业务涵盖云数据中心、云服务大数据、智慧城市、智慧企业四大产业群组，为全球 100 多个国家和地区提供 IT 产品与服务。

浪潮集团是科技部首批认定的创新型企业，拥有 IT 领域唯一设在企业的国家重点实验室——浪潮高效能服务器和存储技术国家重点实验室，以及亚太地区最大、最先进的柔性服务器生产线和研究中心。2009 年，由浪潮集团研发的 TS10000 高效能服务器运往沙特阿拉伯，这是我国自主品牌服务器首次出口海外，进入世界市场与欧美厂商展开竞争。2009 年，浪潮集团抄底收购全球领先的半导体存储器厂商——德国奇梦达中国研发中心，而在收购后半年时间，浪潮集团就成功推出了中国第一片大容量动态随机存储器芯片，打破了中国自 20 世纪 80 年代后期以来计算机产品完全依靠进口存储器芯片的历史。

21 世纪的浪潮集团提出了专注化的发展战略，专注于两个产业发展方向：一是以服务器为核心的嵌入式软件化硬件产品，包括服务器、PC 和面向行业的解决方案；二是以通信行业软件、分行业 ERP 软件为主的综合应用软件，兼顾 OA（office automation，办公自动化）、金融软件。浪潮集团专注于以上两个方向，致力成为中国最优秀的行业 IT 应用解决方案提供商。

六、IT 咨询实施

（一）神州数码

神州数码（Digital China Networks，DCN）2000 年从原联想集团分拆成立，是中国最大的整合 IT 服务提供商。神州数码始终以"数字化中国"为使命，2010 年神州数码提出了"智慧城市"发展战略，推进"以客户为中心，以服务为导向"的转型，融合城市化和信息化进程，以在中国 IT 服务领域多年的积累引领"智慧城市"时代发展。如今，神州数码业务领域覆盖中国市场从个人消费者到大型行业客户的全面 IT 服务，为中国成千上万的公司、政府、企业、学校及个人提供最先进的 IT 产品、方案及服务，用户遍及金融、电信、制造等行业及政府机构和教育机构。

在中国 IT 产品分销领域，神州数码已经成为毋庸置疑的领导者，同时也是国内最大的整合 IT 服务提供商。在推进中国行业信息化的进程中，神州数码用自己敏锐的洞察力、丰富的行业经验、整合的 IT 服务，帮助行业及企业用户把信息技术应用转化为战略性的资产，充分挖掘信息技术的能量，获得竞争的优势。在神州数码的"智慧城市"总体设计中，政府职能与信息技术充分融合，提供以人为本、融合便捷的公共服务——解决医疗、交通、能源供给、社会保障等一系列社会管理及服务的问题。在提升城市管理服务水平的同时，打造新型城市产业群与生态圈。

国内大多数 IT 运维厂商是以 IT 基础设施、网络接入、应用系统等运维服务为主，而神州数码提供的 IT 运维服务更多关注的是"事"和"人"，更加贴近用户实际需求，通过整合 IT 服务资源，实现了 IT 运维服务一站式受理。

（二）北京拓尔思信息技术股份有限公司

北京拓尔思信息技术股份有限公司（以下简称"拓尔思"）是一家技术驱动型企业，在中文检索、自然语言处理等领域始终处于行业前沿，公司 2011 年在深交所创业板上市，是第一家在 A 股上市的大数据技术企业。拓尔思以"大数据＋人工智能"为发展战略，旨在帮助客户实现从数据洞察到智慧决策的飞跃。

拓尔思的核心业务包括软件产品研发、行业应用解决方案和数据分析挖掘云服务三大板块，涉及大数据管理、信息安全、互联网营销和人工智能等应用方向。拓尔思是自主可靠软件产品领域的领军企业，TRS（text retrieval system）中文全文检索系统、WCM（Web content management）内容管理平台、CKM 中文文本挖掘等软件均为国内相关领域自主创新的领先产品。同时拓尔思不断拓宽产品线、增强综合服务能力，为政府、媒体、安全、金融等多个行业提供领先的产品、技术和解决方案。为了迎接云计算时代的来临，公司近年来加快了基于云服务的数据分析和知识服务的发展步伐，旨在实现软件企业的战略转型和升级。

第八章

大数据 + 工业行业分析

第一节　工业大数据应用分析

一、行业市场需求分析

2012 年美国 GE 公司在《工业互联网：突破智慧和机器的界限 》一文中率先提出"工业大数据"概念，引起产业界的热烈讨论，工业大数据越来越受到工业企业的关注。而随着信息化和工业化"两化融合"的发展，数据采集、集成、计算和分析技术在工业领域的应用，工业企业生产信息逐渐数字化，促使工业数据发挥巨大价值。

目前工业大数据发展出现三个态势：一是从理念转向实践，二是工业大数据成为云计算的价值体现，三是工业大数据孕育着丰富的工业应用生态。经过几年的发展，很多工业企业已经进入工业大数据实践阶段，尤其大型工业企业在应用方面走在前列，如我国唐山钢铁集团，通过引入国际最先进的生产线，已实现数据实时采集，并与国际企业合作，深度挖掘工业大数据的价值，实现生产实时监测、生产排程、产品质量管理、能源管控等多方面的应用。

工业大数据显著特征之一是数据体量大，企业普通数据库难以承载如此大体量的数据，且数据存储成本高，云计算是最好的解决方案，企业可通过自建私有云或使用公有云平台，实现低成本、海量数据的存储。此外，在云平台上，企业可运用流计算等分析计算，实现数据的分析处理。工业大数据挖掘和分析的结果可广泛应用于企业各个环节，下面按照企业研发设计、生产制造、供应链管理、营销与服务四个环节，对工业大数据应用场景进行探讨。

1. 研发设计环节

在研发设计环节，工业大数据应用主要有产品协同设计、设计仿真、工艺流程优化等。

产品协同设计主要是利用大数据存储、分析、处理等技术处理产品数据，建立企业级产品数据库，利用分布式存储，以便不同地域可以访问相同的设计数据，从而实现多站点协同，满足工程组织的设计协同要求。

设计仿真是指将大数据技术与产品仿真排程相结合，为产品设计提供更好的工具，缩短产品交付周期。如美国波音公司通过大数据技术优化设计模型，将机翼的风洞实验次数从 2005 年的 11 次缩减至 2014 年的 1 次；汽车品牌玛莎拉蒂通过数字化工具加速产品设计，开发效率提高 30%。

工艺流程优化主要是应用大数据分析功能，深入了解历史工艺流程数据，找出工艺步骤和投入之间的模式与关系，对过去彼此孤立的各类数据进行汇总和分析，评估和改进当前操作工艺流程。例如，国际某知名生物药品制造商广泛收集与工艺步骤和使用材料相关的数据，应用大数据分析技术，来确定不同工艺参数之间的相关性，以及参数对产量的影响，最终确定影响最大的 9 种参数，针对与这 9 种参数相关的工艺流程做出调整，从而把疫苗产量增加了 50%以上。

2. 生产制造环节

在生产制造环节，工业大数据的应用主要有智能生产、生产流程优化、设备预测维护、生产计划与排程、能源消耗管控和个性化定制等应用。

智能生产就是生产线、生产设备都将配备传感器，抓取数据，然后经过无线通信连接互联网传输数据，对生产本身进行实时监控。而生产所产生的数据同样经过快速传递和处理，反馈至生产过程中，将工厂升级成为可以被管理和自适应调整的智能网络，使得工业控制和管理最优化，对有限资源进行最大限度使用，从而降低工业和资源的配置成本，使得生产过程能够高效地进行。

生产流程优化利用大数据技术，对工业产品的生产过程建立虚拟模型，仿真并优化生产流程。当所有流程和绩效数据都能在系统中重建时，这种透明度将有助于制造商改进其生产流程。

设备预测维护主要通过现场设备实时监控和采集各类生产数据，如获取轴承振动、温度、压力、流量等数据，通过基于规则的故障诊断、基于案例的故障诊断、设备状态劣化趋势预测、部件剩余寿命预测等模型，进行设备故障预测与诊断。如我国燕山石化建立星环大数据平台实现了对数据的实时分析计算，利用大数据分析自动生成的检修维护计划，保证了设备维护更有针对性，减少了"过修"和"失修"现象，节省成本。

生产计划与排程通过收集客户订单、生产线、人员等数据，利用大数据技术发现历史预测与实际的偏差概率，考虑产能约束、人员技能约束、物料可用约束、工装模具约束，经过智能的优化算法，制订预计划排产，并监控计划与现场实际的偏差，动态地调整计划排产。

能源消耗管控通过对企业生产线各关键环节能耗排放和辅助传动输配环节的实时动态监控管理，收集生产线、关键环节能耗等相关数据，建立能耗仿真模型，进行多维度能耗模型仿真预测分析，获得生产线各环节的节能空间数据，协同操作智能优化负荷与能耗平衡，从而实现整体生产线柔性节能降耗减排，及时发现能耗的异常或峰值情况，实现生产过程中的能源消耗实时优化。例如，全球最大风力涡轮机制造商美国 Vestas 公司对天气数据及涡轮仪表数据进行交叉分析，并对风力涡轮机布局进行改善，由此提高了风力涡轮机的电力输出水平并延长了服务寿命。

个性化定制通过采集客户个性化需求数据、工业企业生产数据、外部环境数据等信息，建立个性化产品模型，将产品信息传递给智能设备，进行设备调整、原材料准备，生产出符合个性化需求的定制产品。

3. 供应链管理环节

供应链管理环节工业大数据的应用主要体现在供应链优化上，即通过全产业链的信息整合，使整个生产系统达到协同优化，让生产系统更加动态灵活，进一步提高生产效率和降低生产成本，实现供应链配送体系优化和用户需求快速响应。

供应链配送体系优化，主要是通过 RFID（radio frequency identification，射频识别）等产品电子标识技术、物联网技术以及移动互联网技术获得供应商、库存、物流、生产、销售等完整产品供应链的大数据，利用这些数据进行分析，确定采购物料数量、运送时间等，实现供应链优化。如海尔公司供应链体系很完善，在海尔供应链的各个环节，客户数据、企业内部数据、供应商数据被汇总到供应链体系中，通过供应链上的大数据采集和分析，海尔公司能够持续进行供应链改进和优化，保证了海尔对客户的敏捷响应；京东商城通过大数据提前分析和预测各地商品需求量，从而提高配送和仓储的效能，保证了次日货到的客户体验。

4. 营销与服务环节

在营销环节，利用大数据技术挖掘用户需求，预测市场趋势，找到机会产品，进行生产指导和后期市场营销分析，建立商品需求分析体系和科学的商品生产方案分析系统，结合用户需求与产品生产，形成满足消费者预期的各品类生产方案等。如海尔集团利用 CRM 管理会员大数据平台，提取数以万计用户数据，通过"look-like"模型将用户分类，然后结合智能语义分析工具分析客户需求、优化用户体验。

在产品售出服务环节，工业大数据推动企业创新服务模式，从被动服务、定期服务发展成为主动服务、实时服务。通过搭建企业产品数据平台，围绕智能装备、智能家居、可穿戴设备、智能联网汽车等多类智能产品，采集产品数据，建立产品性能预测分析模型，提供智能产品服务。如 2012 年 GE 能源监测和诊断（Monitor & Diagnose，M&D）中心收集全球 50 多个国家、上千台 GE 燃气轮机的数据，每天就能为客户收集 10 GB 的数据，通过分析来自系统内的传感器振动和温度信号的恒定大数据流，为 GE 公司对燃气轮机故障诊断和预警提供支撑；又如，固特异轮胎推出了 FuelMax 产品，通过分析轮胎压力提醒用户如何保养轮胎更加省油，每年可以给一辆集装箱客车节省 3000 美元的油耗。

二、行业竞争格局分析

在我国工业化和信息化融合发展进程中，计算机集成制造系统（computer integrated manufacturing system，CIMS）作为制造领域的先进技术，在我国工业企业有较为突出的成果。CIMS 是随着计算机辅助设计与制造的发展而产生的，它是在信息技术自动化技术与制造的基础上，通过计算机技术把分散在产品设计制造过程中各种孤立的自动化子系统有机地集成起来，形成适用于多品种、小批量生产，实现整体效益的集成化和智能化制造系统。当前，我国的 CIMS 已经改变为现代集成制造系统（contemporary integrated manufacturing system），它已在广度与深度上拓展了原 CIM/CIMS 的内涵，其中，"现代"的含义是计算机化、信息化、智能化，"集成"有更广泛的内容，它包括信息集成、过程集成及企业间集成三个阶段的集成优化。

伴随大数据采集、集成、计算和分析技术的发展，我国一些工业企业也已经进入工业大数据实践阶段。如徐工集团通过国家科委"863"/自动化领域机器人主题和 CIMS 主题的共同支持，建立了先进的管理模式、制造模式，并用 CIMS 支持创新产品的开发，增强了快速反应市场的能力，CIMS 还包括管理信息系统、工程设计自动化系统、制造自动化系统、质量保证系统、数据库管理系统等众多分系统，其在工业领域的集成应用为工业大数据提供了良好的基础。三一重工自主研发的 ECC（enterprise control core，企业控制中心）系统集成了大数据与物联网技术，2017 年累计接入设备超过 20 万台，构建了基于大数据的远程诊断和服务系统，每台设备交付用户使用后，系统内都会自动产生保养订单，系统自动派单给服务工程师，使客户逐步摆脱了设备故障只能求助现场服务工程师的传统模式。随着工业与"互联网＋"模式的结合，还涌现了众多新型制造模式。

在大数据的应用上面，与徐工集团、三一重工、红领集团等能够成熟应用工业大数据技术的企业相比，大多数的工业企业尚未对工业大数据技术形成明确的认识和技术上的应用，工业大数据的落地推广依旧存在很多的瓶颈，离工业大数据孕育工业应用生态的发展态势还有很长的路要走。

三、行业应用前景分析

网络化是现代集成制造技术发展的必由之路，制造业走向整体化、有序化，同人类社会发展是同步的。全球制造所带来的冲击日益加强，企业要避免传统生产组织所带来的一系列问题，必须在生产组织上实行某种深刻的变革，这种变革体现在两方面：一方面利用网络，在产品设计、制造与生产管理等活动乃至企业整个业务流程中充分享用有关资源，即快速调集、有机整合与高效利用有关制造资源；另一方面，企业必须集中力量在自己最有竞争力的核心业务上。科学技术特别是计算机技术、网络技术的发展，使得生产技术发展到可以使这种变革的需要成为可能。

随着云计算、大数据和物联网等新兴技术的发展，全球掀起了以制造业转型升级为首要任务的新一轮工业变革，世界上主要的工业发达国家纷纷制定工业再发展战略，我国也出台了中国制造 2025 战略，随着世界主要国家制造智能化转型战略的相继实施，工业大数据将日益成为全球制造业挖掘价值、推动变革的主要手段。工业大数据挖掘和分析的结果可广泛应用于企业研发设计、复杂生产过程、产品需求预测、工业供应链优化和工业绿色发展等各个环节。

对于国内工业大数据应用的现状，目前我国工业技术进步速度较快，发展势头良好，但实现工业大数据、智能制造模式转型依旧存在很多的困难。虽然经过十几年的科技创新和设备改造升级，国内制造业信息化水平较 20 世纪末有了较大提升，但与发达国家相比仍有较大差距。在大数据的应用上面，大多数的工业企业尚未对工业大数据技术形成明确的认识和技术上的应用，工业大数据的落地推广依旧存在很多的瓶颈。我国发展工业大数据目前存在由于产品数据格式不统一、规范缺乏，互通融合困难；物联接入设备不能自主控制、高端设备读写困难；标准化不统一、应用不足等多方面的问题。建议向工业系统各环节广泛渗透，形成贯穿数据采集、智能控制到智能决策的完整闭环，构造自我迭代和持续改进的智能化工业系统。

未来工业大数据的发展必然是围绕着"电动化、智能化、轻量化"的方向不断转变。提出这一发展方向的主要原因在于，目前社会文明程度快速提升，教育水平不断提高，受到雾霾等现实环境问题的影响，人们的环保意识逐渐加强；与此同时，经济社会中，在社会能源问题突出的环境之下，未来工业大数据产品也必然会集中向新能源方向发展。

第二节　工业大数据应用案例分析

一、百分点 PHM 大数据项目

PHM（prognostic and health management，故障预测与健康管理）目前的应用行业主要集中在军工领域，正在往广电、制造业等行业拓展。而从应用类型上来看，PHM 目前主要用于故障预测和设备健康管理。作为一个针对设备故障检测、故障隔离、性能检测、故障预测、健康管理、部件寿命追踪等能力的管理系统，PHM 技术旨在通过联合分布式信息系统与自主保障系统交联。而随着物联网技术的日益发展，物联网大数据正与 PHM 技术关联越来越紧密。实际上，数据分析有四个主要阶段：一是描述性的分析，二是诊断性的分析，三是预测性的分析，四是建设性的分析，而目前监控多数属于描述性及诊断性分析的阶段，几乎没有达到预测性分析的阶段，更没有达到建设性分析的阶段。

百分点技术副总裁刘译璟表示，目前大多数的监控都是处于描述以及诊断的阶段，基本没有到预测的阶段，更没有提建议说明，PHM 是跨越前两个阶段，可以预测整个设备是什么情况。PHM 技术最早应用于 JSF、F35 的舰载机的研发，整个保障设备故障减少了 50%，维护人员减少 20%～40%，架次的生成率增加 25%。

随着 IT 技术的发展、大数据分析等技术的不断成熟，大数据技术成为保障企业设备不间断运行的重要手段。智能制造所要做的，就是提供具有透明度的工具和技术，这些工具和技术具有拆解与量化不确定性的能力，从而可以客观地估计制造能力和可用性。因此，在当前智能制造应用中，百分点研发的 PHM 云服务解决方案，以物联网＋大数据的方式，将传统的基于事件驱动和基于时间驱动的维修维护方式，转变到智能系统预测。

百分点 PHM 不仅有故障预测的能力，还包括健康管理的能力，是可以实现装备基于状态的维修、感知与响应等设备运维新理念的关键技术，是综合利用现代信息技术、人工智能技术的最新研究成果而提出的一种全新的管理健康状态的技术。百分点 PHM 的价值体现在，可以监测设备性能下降或与期望的正常状态的偏离问题、预测设备的未来可靠性、对突变性故障进行告警，以及对渐变性故障进行早期预警。对于企业的好处是，可以及时发现设备的异常状态，实现从传统的基于自动化设备单个表值的监测，向基于智能系统的整体预测的转变，为备机热机切换争取时间，减少信号中断时间，为统筹机器之间的切换提供信息支持，降低潜在的设备监管费用。

总而言之，PHM 技术作为一个方法论，已广泛应用于机械结构产品中，如核电站设备、制动装置、发动机、传动装置等。因而，PHM 正在成为航空航天、舰船、能源，以及汽车制造、交通设备等系统设计和使用中的一个重要组成部分。

二、高圣带锯机床大数据项目

高圣是一家生产带锯机床的中国台湾公司，其所生产的带锯机床产品主要用于对金属物料的粗加工切削，为接下来的精加工做准备。机床的核心部件是用来进行切削的带锯，在加工过程中带锯会随着切削体积的增加而逐渐磨损，将会造成加工效率和质量的下降，在磨损到一定程度之后就要进行更换。使用带锯机床的客户工厂往往要管理上百台的机床，需要大量的工人时刻检查机床的加工状态和带锯的磨损情况，根据经验判断更换带锯的时间。带锯寿命的管理具有很大的不确定性，加工参数、工件材料、工件形状、润滑情况等一系列原因都会对带锯的磨耗速度产生影响，因此很难利用经验去预测带锯的使用寿命。切削质量也受到许多因素的影响，除了材料与加工参数的合理匹配之外，带锯的磨耗也是影响切削质量的重要因素。由于不同的加工任务对质量的要求不同，且对质量的影响要素无法实现透明化，因此在使用过程中会保守地提前终止使用依然健康的带锯。

高圣意识到，客户所需要的并不是机床，而是机床所带来的切削能力，其核心是使用最少的费用实现最优的切削质量，于是高圣开始从机床的 PLC（programmable logic controller，可编程逻辑控制器）控制器和外部传感器收集加工过程中的数据，并开发了带锯寿命衰退分析与预测算法模块，实现了带锯机床的智能化升级，为客户提供机床生产力管理服务。

在加工过程中，智能带锯机床能够对产生的数据进行实时分析：首先识别当前的工件信息和工况参数，随后对振动信号和监控参数进行健康特征提取，依据工况状态对健康特征进行归一化处理后，将当前的健康特征映射到代表当前健康阶段的特征地图上的相应区域，就能够将带锯的磨损状态进行量化和透明化。分析后的信息随后被存储到数据库内建立带锯使用的全生命信息档案，这些信息被分为三类：工况类信息，记录工件信息和加工参数；特征类信息，记录从振动信号和控制器监控参数里提取的表征健康状态的特征值；状态类信息，记录分析的健康状态结果、故障模式和质量参数。大量带锯的全生命信息档案形成了一个庞大的数据库，可以使用大数据分析的方法对其进行数据挖掘，如通过数据挖掘找到健康特征、工艺参数和加工质量之间的关系，建立不同健康状态下的动态最佳工艺参数模型，在保障加工质量的前提下延长带锯使用的寿命。

在实现带锯机床"自省性"智能化升级的同时，高圣开发了智慧云服务平台，为用户提供"定"制化的机床健康与生产力管理服务，机床采集的状态信息被传到云端进行分析后，机床各个关键部件的健康状态、带锯衰退情况、加工参数匹配性和质量风险等信息都可以通过手机或 PC 端的用户界面获得，每一台机床的运行状态都变得透明化。用户还可以用这个平台管理自己的生产计划，根据生产任务的不同要求匹配适合的机床和能够达到要求的带锯，当带锯磨损到无法满足加工质量要求时，系统会自动提醒用户更换带锯，并从物料管理系统中自动补充一个带锯的订单。于是用户的人力的使用效率得到巨大提升，并且避免了凭借人的经验进行管理带来的不确定性。带锯的使用寿命也得以提升，同时质量也被量化和透明化地管理起来。

三、格力空调工业大数据

珠海格力电器股份有限公司（以下简称"格力电器"）成立于1991年，是一家集研发、生产、销售、服务于一体的国际化家电企业，主营家用空调、中央空调、空气能热水器等产品。格力电器旗下的"格力"品牌空调已经成为"世界名牌"产品，业务遍及全球100多个国家和地区。

随着"互联网＋制造业"等引导文件的出台，将新兴技术融入传统制造企业生产和管理中是一个必然的趋势，传统企业的转型离不开产品变革和业务创新。为提升品质，实现差异化产品竞争，格力电器2017年推出融入了工业大数据分析功能的多联机商用智能空调，受到了行业的广泛关注，在格力电器大数据部门，通过将大数据技术融入格力多联机空调产品，实现对所有销售的多联机空调设备的位置、运行状态、安装调试，以及故障数据的采集与分析。截至2017年12月，格力销售的风冷多联机空调系列已全部安装数据采集GPRS（通用分组无线服务）模块，销售工程数量超过百万项，分布于全国各个省市地区，多联机空调每天返回数据处理中心的机器运行数据增量超过1.5亿条记录，2017年共采集数据超过100 TB，已建成庞大的数据收集规模。

通过为多联机空调安装数据采集模块，格力电器已经实现了在用户还没有发觉之前就解决问题。例如，在空调安装过程中有时候会出现由于人为操作的不规范导致用户后续使用中出现问题，不但增加了公司的售后服务成本，也降低了客户购买的产品体验，在安装GPRS数据采集模块后，格力电器能有效地降低空调安装人员的调试出错概率。在空调运行过程中，如果出现GPRS上报排气低温保护，后台会分析机组存在异常，分析结果可能是排查主机防尘膜未取；如果出现GPRS上报压力异常保护，分析结果可能为缺冷媒，需立即排查管路是否有泄漏。

根据格力电器最新的统计，通过GPRS大数据自动分析，明确故障机组，同时通过故障数据分析，规范工程安装，提高工程安装质量，使欠氟和漏氟故障率下降22.5%。同时通过故障数据分析，对电子膨胀阀控制逻辑进行优化，大大减少内机电子膨胀阀泄漏的故障率，使电子膨胀阀故障率下降21.3%。截至2017年，多联机组共开发了自动故障诊断66个，涵盖系统故障44个，电控故障22个。格力电器的最终目标是通过整合数据，将空调产品生产、销售、安装、调试、维护、运行等一系列数据同时呈现出来，使产品在每一环节都受控，实现对产品的全方位监控管理。

四、红领服装大数据项目

红领集团（以下简称"红领"）创建于1995年，是青岛市一家以生产经营高档西服、

裤子、衬衣、休闲服及服饰系列产品为主的大型企业。2014年，红领以零库存实现150%
的业绩增长，以大规模定制生产技术实现每天完成2000种完全不同的个性化定制产品。
公司的核心竞争力是一套大数据信息系统，任何一项数据的变动都能驱动其余9000多
项数据的同步变动，真正做到从用户的个性化设计订单到生产过程的"零时差"连接。
红领走了一条极端的定制路线，生产的每一件衣服在生成订单前就已经销售出去，并且
每一件衣服都是由用户亲自完成设计，这在成本上只比批量制造高10%，但收益却能达
到两倍以上。实现低成本、高定制化生产的背后是一套完整的大数据信息系统，任何一
个用户一周内就能够拿到定制的衣服，而传统模式下却需要3~6个月。

　　定制的第一步是用户数据的采集，最重要的数据是用户的量体。量体数据采集的方
案主要有四套：第一套方案，用户可以根据以往在任何一个大品牌服装上体验的自认为
最合适数据，从红领的数据库中自动匹配对应的量体数据；第二套方案，通过O2O（online
to offline，线上到线下）平台，在任何地点预约上门量体；第三套方案，用户可以到红
领的体验店直接采集量体数据，整个过程只需要5分钟，采集19个部位的数据；第四
套方案，用户也可以选择自己的标准号，但是要对自己的选择负责。完成用户的数据采
集之后，红领就会形成一个用户的数据档案，在未来用户进行新的定制化设计时可以直
接使用以前的数据。

　　除了量体数据的定制化，以最大限度地满足西装的合身之外，客户还可以定制衣服
的面料、图案、光泽、颜色，甚至是一些极其微小的细节。如纽扣的形状和排列方式、
口袋的样式、里衬的走线纹路，甚至是添加一个水滴形的钢笔口袋，或是印上自己家族
的徽章和自己的名字。即使是在如此复杂和高度定制化的情况下，红领依然可以确保在
7天内为用户完成制作并发货。这其中的秘诀依然离不开数据，当客户在网上完成下单
之后，这些定制化的设计被转变成数以万计的生产指令数据，并按照工序被记录在数十
个磁卡中，形成了一件衣服在制作过程中的"身份证"。

　　其生产流程为：工厂的订单信息全程由数据驱动，在信息化处理过程中没有人员参
与，无须人工转换与纸质传递，数据完全打通，实时共享传输。所有员工在各自的岗位
上接受指令，依照指令进行定制生产，员工真正实现了"在线"工作而非"在岗"工作。
当一件正在制作中的西服到达一个员工面前时，员工可以从互联网云端获取这件西服的
制作指令数据，按客户的要求操作，确保了来自全球订单的数据传递零时差、零失误率，
用互联网技术实现客户个性化需求与规模化生产制造的无缝对接。

　　在生产线的智能化升级方面，基于MES（manufacturing execution system，生产执
行系统）、WMS（warehouse management system，仓库管理系统）、APS（advanced planning
and scheduling，进阶生产规划及排程系统）等系统的实施，通过信息的读取与交互，与
自动化设备相结合，促进制造自动化、流程智能化。通过AGV（automated guided vehicle，
无人搬运车）小车、智能分拣配对系统、智能吊挂系统与智能分拣送料系统的导入，加
快整个制造流程的物料循环，通过智能摘挂、线号识别、智能取料、智能对格裁剪等系
统的导入实现整个制造流程的自动化。除此之外，红领还利用大数据分析解决生产线平
衡和瓶颈问题，使之达到产能最大化、排程最优化及库存和成本的最小化。

　　红领经过10多年的数据累积，建立了个性化产品数据模型以及数据累积管理模型，

基于数据模型完善大数据，目前具有千万种服装版型、数万种设计元素，满足用户个性化定制需求，组合出无限的定制可能，目前能满足近 100%的个性化设计需求。红领在产品设计方面采用了与传统服装行业不同的三维计算机辅助设计（computer aided design，CAD）、计算机辅助工艺规划（computer aided process planning，CAPP）方式，对款式、尺码以及颜色等都进行智能化管理。

正是有了这样的一套大数据驱动的生产系统，红领员工才发出这样的感慨：现在人人都是设计师，每一件西服都是一个故事，从衣服上可以猜测它是由什么样的人来穿，甚至以什么样的心情来穿。

第九章

大数据 + 金融行业分析

第一节 金融大数据应用分析

一、行业市场需求分析

互联网的应用普及使得金融信息化程度迅速加深，电子银行、电子交易、电子货币与支付服务、在线金融信息服务以及其他经由网络提供的金融产品得以迅速推广，金融业版图不断重构。从 2016 年金融大数据投资结构上来看，银行是金融类企业中的重要组成部分，证券和保险分列第二位和第三位，如图 9-1 所示。从数据交易角度看，超八成大数据交易集中在银行、保险、证券领域。

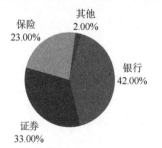

图 9-1　中国金融行业大数据投资结构
资料来源：贵阳大数据交易所、中商产业研究院

大数据在金融行业的应用，除传统的风险管理、运营管理及业务创新外，未来发展趋势还包括以下五个方面。

（1）高频金融交易。高频金融交易的主要特点是实时性要求高和数据规模大，沪深两市每天 4 小时的交易时间内可产生至少 3 亿条逐笔成交数据，随着时间的积累，这些成交数据的规模将相当可观。区别于传统的日志数据，这些成交数据在金融分析与应用领域具有相当高的分析价值，投资机构和其他带有投资性质的企事业单位，可以据此判断市场热点及投资人信心，为高层决策及蓝图规划提供基于数据的科学支持；金融研究机构通过对历史和实时数据进行挖掘，可以创造和改进数量化交易模型，并将之应用在基于计算机模型的实时证券交易过程中。

（2）小额信贷。阿里巴巴和中国建设银行合作推出的"e 贷通"，就是专注于服务小企业贷款的计划。阿里巴巴拥有大量的用户信息数据和详细的信用记录，再加上淘宝等交易平台上存有的企业交易数据，其通过大数据技术的运用可实现自动分析企业偿债能力，从而判断是否给予企业贷款的功能；而随着中国经济结构性及周期性改革的深入，中小微企业无疑成为信贷市场新的主力军，中国建设银行坐拥巨额放贷资金，无信用记录但发展势头良好的小企业正是其新兴的价值客户。

（3）P2P 放款审核。在传统的借贷流程中，对于借款人的信息审核，机构是依靠借款人自己提供的各类信息来判定其还款能力的，但这种审核方式无论是从成本、效率还是质量看均存在风险。大数据思维的引入将评估权重更多地放在借款人日常生活的交易数据及社交数据上，这类数据具有较好的连贯性，可从中分析出用户特性、习惯，从而反向推断借款人的实际财务状况，进行风险筛选。且这些数据造假的可能性较低，因为都是大数据环境下收集和分析的各类碎片信息，真实性较好。

（4）精准营销。在精准营销方面，各大金融机构纷纷展开行动。如招商银行通过构建客户流失预警模型，对流失率等级前 20%的客户发售高收益理财产品进行挽留，使得金卡和金葵花卡客户流失率降低；通过对客户交易记录进行分析，有效识别出潜在的小微企业客户，并利用远程银行和云转介平台实施交叉销售，取得良好成效。

（5）客户管理。随着客户数量的增多，如何有效处理繁杂的客户关系成为金融机构亟待解决的难题。而利用大数据技术对客户信息进行处理，可以最大限度地了解客户倾向、分析客户需求，为其提供针对性的服务，更好地留住客户。

二、行业竞争格局分析

大数据时代下，金融边界不断延伸，金融机构不再单纯锁定为金融牌照公司，部分具有互联网大数据功能的公司也逐渐向金融行业渗透，金融竞争更多地表现为行业内公司与大数据渗透公司的竞争，以及行业内公司在数据平台搭建及使用上的竞争。

按照目前移动金融端用户覆盖情况来看，金融大数据的竞争格局主要分为以下三个梯队。

第一梯队包括商业银行机构、互联网巨头阿里巴巴和腾讯。商业银行在金融领域的账户支付、用户数量、理财产品种类上有着天然优势，只是平台效应有待提升。阿里巴巴依托电商平台做大，在众多互联网企业中将支付账户、平台效应和金融场景结合得最好，进入金融领域也顺理成章。腾讯依托社交平台做大，在支付账户和平台效应上具有其他公司无可比拟的优势，尽管金融场景相对薄弱，但从渠道路径切入金融业较为容易。

第二梯队包括证券类（如华泰证券、国信证券等）、保险类（如平安）、互联网类（如同花顺、东方财富、京东、百度、新浪）等公司。这类公司的特征是支付账户、平台效应和金融场景各有优势但综合效果偏弱，其介入金融的路径不一。补足短板是这类公司后续壮大的着力点。

第三梯队包括拍拍贷、人人贷、宜信、闪银等公司。这类公司在某一细分领域有所突破，但整体规模和影响力偏弱，未来可能是互联网金融的旁枝。

从动态来看，目前在金融业以银行为代表的金融机构，在数据体量、金融平台上相对较为稳定，未来重点在于如何应用大数据达到精准营销及风控。互联网金融阿里巴巴和腾讯双雄格局也相对具有稳定性，且代表互联网金融的主流，未来甚至有逆袭传统金融机构的趋势。而处于第二阵营的平安有可能冲击第一阵营，平安发布了壹钱包，定位为社交金融服务平台，具有晋级的潜质。一方面，平安拥有 80 万员工和 8000 万保险客户，容易形成较为强大的入口能力；另一方面，平安拥有丰富的金融产品线，且部分产品已经通过网络销售取得较好的口碑。

　　随着大数据发展和应用的要求，未来金融大数据行业中机构、企业等必须围绕建立新的金融环境而竞争，表现为主要围绕生态圈、战略和产品三个层面展开竞争，并由此确定金融行业公司的市场地位及竞争力。因此金融机构、互联网金融等企业都不会局限于某一个层面去发展，有可能将是多维度、多层面的布局，未来的金融大数据市场竞争格局仍然存在一定变数。中国金融大数据主要企业情况如表 9-1 所示。

表 9-1　中国金融大数据主要企业情况

行业类别	企业名称	企业简介
银行	九次方大数据	2018 年九次方大数据平台汇集分析了全产业链、8000 个行业、4 万个细分市场。营销大数据系统覆盖全国 600 多个城市、2500 个高新园区、3000 多万家企业。九次方大数据对所有囊括企业设定综合征信指标，真实反映企业的信用指数、价值评级
	文思海辉技术有限公司	文思海辉技术有限公司在银行业领域已有多年积累，凭借以关注客户为中心和以产品创新为核心驱动力的建设，文思海辉技术有限公司的金融解决方案在客户群中赢得了良好的口碑
证券	北京荣之联科技股份有限公司	北京荣之联科技股份有限公司致力于为能源、电信、政府、制造、证券金融等行业客户提供数据中心解决方案和"一站式"IT 服务，并且在大中型数据中心建设服务方面积累了丰富的经验，形成了全产业链管理、跨平台操作的专业化服务体系，在新一代数据中心建设、云计算、大数据等领域形成了独特的技术优势
	核新同花顺网络信息股份有限公司	核心同花顺网络信息股份有限公司具有中国最为齐全的产品线，产品覆盖实时数据、基本面资料、资金面分析、模式化交易等功能层面，为证券公司和个人用户提供完备的金融服务解决方案
互联网金融	阿里巴巴	阿里巴巴于 2010 年拿到了小额信贷牌照，2011 年拿到支付宝第三方支付牌照。以此阿里巴巴开始进军金融业
	腾讯	腾讯 2011 年获得财付通第三方支付牌照，2018 年支付宝和财付通的占比分别为 47% 和 45%，相比阿里巴巴，腾讯正利用自己的充沛现金流，扮演着一个股权投资者的角色，不局限于某个行业
	百度	百度利用自身的优势资源，打造一个第三方金融产品的大平台或大超市，把各种贷款产品、理财产品集合，做产品搜索和比价，通过大数据能力，为用户解决信息不对称的问题。百度的优势基因：通过大数据能力，面对中小客户提供数据金融服务

资料来源：中商产业研究院

三、行业应用前景分析

　　金融业基本是全世界各个行业中最依赖于数据的，而且最容易实现数据的变现，全球最大的金融数据公司 Bloomberg 在 1981 年成立时大数据概念还没有出现。而相比其他行业，金融数据逻辑关系紧密，安全性、稳定性和实时性要求更高，通常包含以下关键技术：数据分析，包括数据挖掘、机器学习、人工智能等，主要用于客户信用、聚类、特征、营销、产品关联分析等；数据管理，包括关系型和非关系型数据、融合集成、数据抽取、数据清洗和转换等；数据使用，包括分布式计算、内存计算、云计算、流处理、任务配置等；数据展示，包括可视化、历史流及空间信息流展示等，主要应用于对金融产品健康度、产品发展趋势、客户价值变化、反洗钱反欺诈等监控和预警。

随着大数据分析挖掘技术的发展，原本与股票行业没有任何关系的社交网络及微博服务的网站也开始横插一脚。例如，有一些学者利用 Opinion Finder 和"情绪化量表"（profile of mood states，POMS）这两种不同的情绪跟踪工具来分析 Twitter 上将近 1000 万条微博的文本。结果发现：在这个基于谷歌的 POMS 测量法中，它把情绪分为六种，分别是"冷静、警惕、确信、重要、和善、快乐"，"冷静"是具有预测价值的。单靠这种"冷静"情绪指标能预测未来 3～4 天道琼斯工业平均指数的每日收盘涨跌，准确率高达 87.6%。利用大数据挖掘分析的舆情已经成为资本市场的"风向标"。易欢欢 2013 年做了一份行业报告，该报告被誉为 2013 年影响力最大的行业深度报告：大数据时代的跨界与颠覆——金融业门口的野蛮人。报告里详细分析了在大数据时代，传统金融行业遇到了巨大的挑战和颠覆，面临着产业结构的重构。

大数据在加强风险管控、精细化管理、服务创新等转型中别具现实意义，是实现向信息化银行转型的重要推动力。具体而言，大数据在金融领域的应用可以重塑金融行业竞争新格局，打造高效金融监管体系，大数据风控建立客户信用评分，监测对照体系，侦测、打击逃税、洗钱与金融诈骗等。

首先，大数据推动金融机构的战略转型。在宏观经济结构调整和利率逐步市场化的大环境下，国内金融机构受金融脱媒影响日趋明显，表现为核心负债流失、盈利空间收窄、业务定位亟待调整。业务转型的关键在于创新，但现阶段国内金融机构的创新往往沦为监管套利，没有能够基于挖掘客户内在需求，提供更有价值的服务。而大数据技术正是金融机构深入挖掘既有数据，找准市场定位，明确资源配置方向，推动业务创新的重要工具。

其次，大数据技术能够降低金融机构的管理和运行成本。通过大数据应用和分析，金融机构能够准确地定位内部管理缺陷，制订有针对性的改进措施，实行符合自身特点的管理模式，进而降低管理运营成本。此外，大数据还提供了全新的沟通渠道和营销手段，可以更好地了解客户的消费习惯和行为特征，及时、准确地把握市场营销效果。

最后，大数据技术有助于降低信息不对称程度，增强风险控制能力。金融机构可以摈弃原来过度依靠客户提供财务报表获取信息的业务方式，转而对其资产价格、账务流水、相关业务活动等流动性数据进行动态和全程的监控分析，从而有效提升客户信息透明度。目前，先进银行已经能够基于大数据，整合客户的资产负债、交易支付、流动性状况、纳税和信用记录等，对客户行为进行全方位评价，计算动态违约概率和损失率，提高贷款决策的可靠性。

当然，金融机构在与大数据技术融合的过程中也面临诸多挑战和风险。

一是大数据技术应用可能导致金融业竞争版图的重构。信息技术进步、金融业开放以及监管政策变化，客观上降低了行业准入门槛，非金融机构更多地切入金融服务链条，并且利用自身技术优势和监管盲区占得一席之地。而传统金融机构囿于原有的组织架构和管理模式，无法充分发挥自身潜力，反而可能处于竞争下风。

二是大数据的基础设施和安全管理亟待加强。在大数据时代，除传统的账务报表外，金融机构还增加了影像、图片、音频等非结构化数据，传统分析方法已不适应大数据的管理需要，软件和硬件基础设施建设都亟待加强。同时，金融大数据的安全问题日益突出，一旦处理不当可能遭受毁灭性损失。近年来，国内金融企业一直在数据安全方面增加投入，但业务链拉长、云计算模式普及、自身系统复杂度提高等，都进一步增加了大数据的风险隐患。

三是大数据的技术选择存在决策风险。当前，大数据还处于运行模式的探索和成长期，分析型数据库相对于传统的事务型数据库尚不成熟，对于大数据的分析处理仍缺乏高延展性支持，而且它主要仍是面向结构化数据，缺乏对非结构化数据的处理能力。在此情况下，金融企业相关的技术决策就存在选择错误、过于超前或滞后的风险。大数据是一个总体趋势，但过早进行大量投入，选择了不适合自身实际的软硬件，或者过于保守而无所作为都有可能给金融机构的发展带来不利影响。

第二节　金融大数据应用案例分析

一、中信银行大数据项目

中信银行是中国改革开放中最早成立的新兴商业银行之一，面对互联网金融的冲击，2013年伊始，中信银行提出"再造一个网络银行"的规划，启动互联网金融战略，以期通过建立在大数据和新技术基础上的支付方式、数据管理和财务管理的变革产生新的经营模式与盈利模式。

随着银行业的坏账率持续攀升，风险不断提高，2013年银行业普遍爆发钢贸行业坏账风险，"福建宁德籍在江苏无锡地区"的客户群体风险尤为严重。如何能在下一个带有某种特征的客户群体风险爆发之前提前预警、提前介入处理对风险管理提出了更高的要求。中信银行信用卡中心为了全方位地细化客户群体，提高风险识别能力，提升风险敏感度，着手开发基于大数据的区隔风险预警与监控系统。精准地细分人群，并合理运行各种规则，提高风险识别能力，提升风险敏感度，实现对潜在高风险人群的自动分级报警及跟踪监控，从而降低资产风险。

中信银行的区隔系统提出以"切得更细，看得更多""提高自动化程度，满足未来需要"为目标。但由于区隔间存在不同层级及相互影响的关系，太多无效的预警会决定该项目的成败。如何从庞大的全量客户群体里及时、精准地捕捉到风险的有效发生来源是一个较大的难题。按照多个维度进行客户群体的精细划分，对细分后的客户群体进行准确有效的预警机制。项目后端采用Greenplum分布式数据库做海量数据的处理，前端采用JSF＋Echarts＋DB2，提供业务良好的操作体验及稳定的系统。与其他传统的分析工具相比，区隔系统强化风险的前瞻性预警，而非事后处理机制。其支持业务的灵活查询及海量数据运算。

中信银行基于云架构的客户营销管理平台是中信信用卡中心基于数据仓库"高效管理数据"实践"高价值利用数据"的BI（business intelligence，商业智能）架构体系重要应用。该系统的上线，实现了营销数据的集中存储，建立了营销全流程配置和标准化管理体系。同时，通过营销活动的统一管理，并借助数据挖掘技术和模型分析，从而准确定位营销目标客户群，使营销工作更具有针对性，降低了营销成本，提高了营销成功率，也推动了"客户经理制"转型，提升业务人员核心竞争力，进而提升信用卡中心的盈利能力。

二、江苏工行大数据项目

近年来，工行江苏分行通过探索大数据应用下的服务新模式，积极拓展服务新领域，率先创建服务新团队，建立起以客户为中心的精准服务体系，取得了良好的经济效益。工行江苏分行的精准服务体系主要依托于其强大的数据仓库平台（enterprise date warehouse，EDW），通过充分应用大数据挖掘、分析等现代化的信息技术，将数据以不落地的方式直接推送至 PBMS（个人客户营销系统）、网银、短信、柜员系统等营销服务渠道，实现精准服务。

1. 构建数据分析模型、探索服务新模式

目前，工行江苏分行的大数据应用已经从单一维度扩展到多元维度，从静态分析过渡到动态触发，从基本面研究深入个性化定制，能够为客户提供更全面、更周到的服务。自 2014 年下半年开始，该行以大数据分析为突破口，运用数据模型，探索直销银行这一新型营销服务模式。

2. 引导基层业务经营、拓展服务新领域

在服务领域的拓展方面，工行江苏分行持续拓展大数据在基层实际应用的深度和广度，引导基层坚持"信息出效益、管理创佳绩"的经营原则，深入挖掘发展潜力，切实转变经营方式。为了进一步发挥大数据应用在银行基层经营管理和业务服务中的作用，该行持续贯彻"数据经营"的方针，深入基层了解更为具体的、面向客户的营销服务需求，精确指导，直达一线；同时，依托行内信息共享平台"网讯"，共享客户营销资源、信息应用案例和信息分析成果，加强行际互动交流和经验分享，为基层行业务转型和服务升级提供更有力的数据支持。

3. 发挥数据挖掘优势、创建服务新团队

工行江苏分行的精准营销服务除了具有强大的技术支持，人员配置方面也是关键。该行以高起点配备、高标准要求、高水平培训的"三高"标准建设分析师队伍，组建数据分析师和专业分析师相结合的分析师团队。同时，还连续从工行总行、中央党校、高等院校邀请专家学者举办分析师培训班，加强理论与实践的结合，全面提升分析师团队的数据挖掘与分析能力。

三、泰康人寿大数据项目

泰康人寿保险股份有限公司（以下简称"泰康人寿"）系 1996 年 8 月经中国人民银

行总行批准成立的全国性、股份制人寿保险公司，公司总部设在北京。

首先，泰康人寿启用了云计算中心，作为自己的操作后台支持系统，保障了公司的传统保险业务有足够的数据支持。根据往期的投保历史，公司将客户的个人信息收录入数据库，然后在每年投保时期，给这些客户发送相关的或者是他们曾经投过的保险种类。用户还可以通过注册登录泰康人寿的 MSS（销售支持系统）用户操作系统，来更改个人信息和需求险种。这样一来，极大地便利了客户的操作，让客户能够享受到给自己量身定制的保险业务，对于泰康人寿的运营也更加放心。

其次，泰康人寿还借助数据技术实现了险种的转型。以往，公司专注于人寿险的模式已经不能适应这个时代和客户的多样化需求，于是公司对于信息技术进行了改进，让自己的数据技术能够与市场的需求实现无缝隙的全面对接。如由于车祸、坠机等事故频发，人们对于交通安全越来越忧虑，泰康人寿便推出了公司的新业务——e 顺交通工具意外保障，一款专门针对交通事故的险种。这个险种，既充分利用公司最擅长的寿险，也有效地结合意外险和车险两大种类，让这三大险种紧密结合，又各自实现了相对的分离和独立。这个举措，让消费者体会到泰康人寿的诚意与决心，公司的口碑和业务量也呈直线上升。

第十章

大数据 + 零售行业分析

第一节 零售大数据应用分析

一、行业市场需求分析

随着网络和信息技术的不断普及，人类产生的数据量正在呈指数级增长，大数据作为时下最时髦的词汇，开始向各行业渗透辐射，颠覆着很多特别是传统行业的管理和运营思维。在这一大背景下，大数据也触动着零售行业管理者的神经，搅动着零售行业管理者的思维，大数据在零售行业释放出的巨大价值吸引着诸多零售行业人士的兴趣和关注。

与传统的依靠企业内部交易数据或者样本数据相比，大数据技术能够使企业大面积、近距离地接触市场，从而具有全方位的商业洞察力，零售企业常见的大数据应用价值包括顾客、店铺、销售、商品等方面。在大数据 + 零售业领域，数据的采集是大数据分析的起点，要利用各种渠道在与客户发生交互接触的兴趣点上和各社交平台收集数据，要充分利用 POS（point of sale，销售终端）机、自助售货机和智能试衣镜等各种店内智能零售设备与微博、微信、Twitter 和 Facebook 等社交网站完成数据的采集，并充分利用零售商的后台数据库与 ERP、CRM 等结合在一起及时分析、响应。现今，移动互联网在城市已大规模覆盖，移动终端会成为主要的数据采集渠道。总之，未来智能零售的数据来源，一定是多渠道相互融合的极为丰富的多态多维数据源（表 10-1）。

表 10-1　大数据在零售业的应用价值

顾客	店铺	销售	商品
（1）采集各兴趣点（point of interest，POI）的数据，进行实时消费行为分析； （2）根据顾客的历史购买行为、消费习惯同一细分市场顾客群的消费行为进行商品推介； （3）支持顾客自助购物和实时服务响应； （4）监测社交媒体，反馈并及时响应	（1）对顾客在店铺的购买路径进行跟踪，基于数据进行卖场及货架布局优化； （2）分析各门店热点产品和促销活动； （3）利用人流量、车流量、人均消费额等商圈数据进行选址优化	（1）在总部实时监控各门店的 POS 数据和实时的库存，与供应商合作做好商品的运输和调配； （2）实时处理顾客订单，进行智能化的订单分配，顺利处理大订单和密集订单； （3）多渠道交叉销售； （4）构建顾客多渠道体验	（1）提供单店单品每天的销售数据，进行商品销售预测、制订防损计划和绩效跟踪； （2）进行商品定价分析和价格调整建议； （3）提供单品的库存、进货、投诉、退货、返修数据

二、行业竞争格局分析

2016 年 11 月，国务院办公厅印发《关于推动实体零售创新转型的意见》，对实体零售企业加快结构调整、创新发展方式、实现跨界融合、不断提升商品和服务的供给能力及效率做出部署。随着网络零售市场的发展，加上社会以及国家相关政策出台等方面对于网络零售的重视，共享经济在行业格局、政策环境等方面出现了一些重大变化。

2016 年网络零售行业逐步成熟、线上线下融合持续推进、新技术推动服务升级，种种现象都在表明网络零售的渗透作用持续增强，并继续保持稳定增长态势，成为人们关注的热点。

电商对传统零售行业的冲击影响仍未消散，但前者自身的发展已经遇到瓶颈。电商要走出人口红利日益消退的困局，传统零售商想重新找到能够吸引消费者的闪光点。面对现代商业发展中各自遇到的难题，越来越多的线上线下零售企业，加入探索"新零售"的大潮中。

中信证券指出，新零售竞争格局正在变化，体现在新业态的共赢和彼此对资源的竞争上。阿里巴巴旗下"淘鲜达"生态的成员逐渐扩大，预示着"店仓＋O2O 辐射"商业模式和消费者的成熟，行业存在巨大市场。在资源竞争上，主流企业在门店与储备门店资源、供应链深度、零售运营方面有很大的优势，未来或在市场增长中获益。

三、行业应用前景分析

（一）大数据有助于精确零售行业市场定位

成功的品牌离不开精准的市场定位，一个成功的市场定位，能够使一个企业的品牌加倍快速成长，而基于大数据的市场数据分析和调研是企业进行品牌定位的第一步。零售行业企业要想在无硝烟的市场战争中分得一杯羹，需要架构大数据战略，拓宽零售行业调研数据的广度和深度，从大数据中了解零售行业市场构成、细分市场特征、消费者需求和竞争者状况等众多因素，在科学系统的信息数据收集、管理、分析的基础上，提出更好的解决问题的方案和建议，保证企业品牌市场定位独具个性，提高企业品牌市场定位的行业接受度。

企业想进入或开拓某一区域零售行业市场，首先要进行项目评估和可行性分析，只有通过项目评估和可行性分析才能最终决定是否适合进入或者开拓这块市场。如果适合，那么这个区域人口是多少、消费水平怎么样、客户的消费习惯是什么、市场对产品的认知度怎么样、当前的市场供需情况怎么样、公众的消费喜好是什么等，这些问题背后包含的海量信息构成了零售行业市场调研的大数据，对这些大数据的分析就是我们市场定位的过程。

只有定位准确乃至精确，企业才能构建出满足市场需求的产品，使自己在竞争中立于不败之地。但是，要想做到这一点，就必须有足够的数据信息来供零售行业研究人员分析和判断。在传统情况下，分析数据的收集主要来自统计年鉴、行业管理部门数据、相关行业报告、行业专家意见及属地市场调查等，这些数据多存在样本量不足、时间滞后和准确度低等缺陷，研究人员能够获得的信息量非常有限，使准确的市场定位存在着数据瓶颈。随着大数据时代的来临，借助数据挖掘和信息采集技术不仅能给研究人员提供足够的样本量和数据信息，还能够建立大数据数学模型，并基于模型对未来市场进行预测。

（二）大数据成为零售行业营销的利器

今天，从搜索引擎、社交网络的普及到人手一机的智能移动设备，互联网上的信息总量正以极快的速度不断暴涨，每天在 Facebook、Twitter、微博、微信、电商平台上分享的各种文本、照片、视频、音频、数据等信息高达几百亿甚至几千亿条，这些信息涵盖商家信息、个人信息、行业资讯、产品使用体验、商品浏览记录、商品成交记录、产品价格动态等海量信息，这些数据通过聚类可以形成零售行业大数据，其背后隐藏的是零售行业的市场需求、竞争情报，蕴藏着巨大的财富价值。在零售行业市场营销工作中，无论是产品、渠道、价格还是顾客，可以说每一项工作都与大数据的采集和分析息息相关。

零售行业中的市场营销，一是通过获取数据并加以统计分析来充分了解市场信息，掌握竞争者的商情和动态，知晓产品在竞争群中所处的市场地位；二是通过积累和挖掘零售行业消费者档案数据，有助于分析消费者的消费行为和价值取向，便于更好地为消费者服务和发展忠诚顾客。

以零售行业对消费者消费行为和取向分析方面为例，如果企业收集到消费者消费行为方面的信息数据，建立消费者大数据库，便可通过统计和分析来掌握消费者的消费行为、兴趣偏好和产品的市场口碑现状，再根据这些总结出来的行为、兴趣爱好和产品口碑现状制定有针对性的营销方案与营销战略，投消费者所好，那么其带来的营销效应是可想而知的。因此，可以说大数据中蕴含着出奇制胜的力量，如果企业管理者善于在市场营销中加以运用，大数据将成为企业在零售行业市场竞争中立于不败之地的利器。

（三）大数据支撑零售行业收益管理

收益管理意在把合适的产品或服务，在合适的时间，以合适的价格，通过合适的销售渠道，出售给合适的顾客，最终实现企业收益最大化目标。要达到收益管理的目标，需求预测、细分市场和敏感度分析是此项工作的三个重要环节，而这三个环节推进的基础就是大数据。

需求预测是通过对建构的大数据进行统计与分析，采取科学的预测方法，通过建立数学模型，使企业管理者掌握和了解零售行业潜在的市场需求，以及未来一段时间每个细分市场的产品销售量和产品价格走势等，从而使企业能够通过价格的杠杆来调节市场的供需平衡，并针对不同的细分市场来实行动态定价和差别定价。细分市场为企业预测销售量和实行差别定价提供了条件，其科学性体现在通过零售行业市场需求预测来制定和更新价格，最大化各个细分市场的收益。敏感度分析是通过需求价格弹性分析技术，对不同细分市场的价格进行优化，最大限度地挖掘市场潜在的收入。

大数据时代的来临，为企业收益管理工作的开展提供了更加广阔的空间。需求预测、细分市场和敏感度分析对数据需求量很大，而传统的数据分析大多采集的是企业自身的历史数据来进行预测和分析，容易忽视整个零售行业信息数据，因此难免使预测结果存在偏差。企业在实施收益管理过程中如果能在自有数据的基础上，依靠一些自动化信息采集软件来收集更多的零售行业数据，了解更多的零售行业市场信息，将会对制订准确的收益策略、获得更高的收益起到推进作用。

（四）大数据创新零售行业需求开发

随着微博、微信、电商平台、点评网等媒介在 PC 端和移动端的创新与发展，公众分享信息变得更加便捷自由，而公众分享信息的主动性促进"网络评论"这一新型舆论形式的发展。微博、微信、点评网、评论版上成千上亿的网络评论形成了交互性大数据，其中蕴藏巨大的零售行业需求开发价值，值得企业管理者重视。

网络评论，最早源自互联网论坛，是供网友闲暇之余相互交流的网络社交平台。在微博、微信、论坛、评论版等平台随处可见网友使用某款产品优点点评、缺点的吐槽、功能需求点评、质量好坏与否点评、外形美观度点评、款式样式点评等信息，这些都构成了产品需求大数据。作为零售行业企业，如果能对网上零售行业的评论数据进行收集，建立网评大数据库，然后再利用分词、聚类、情感分析了解消费者的消费行为、价值取向、评论中体现的新消费需求和企业产品质量问题，以此来改进和创新产品，量化产品价值，制定合理的价格及提高服务质量，就能从中获取更大的收益。

大数据并不是一个神秘的字眼，只要零售行业企业平时善于积累和运用自动化工具收集、挖掘、统计和分析这些数据，为己所用，就会有效地帮助自己提高市场竞争力和收益能力，获得良好的效益。

第二节　零售大数据应用案例分析

一、TalkingData 零售业大数据项目

TalkingData（北京腾云天下科技有限公司）成立于 2011 年 9 月，是一家专注于移动互联网综合数据服务的创业公司，旗下拥有多条数据服务产品线，服务内容从基本的数据统计到深入的数据分析、挖掘，可以为移动互联网企业提供全方位的大数据解决方案。

TalkingData 零售业首席布道师焦蔚谈到，面对海量数据，如何避免误读或滥用，关键是要保障数据的采集、分析、应用这三个步骤，一环套一环都应正确无误，如果只有数据而没有精准的分析，数据量即便再大、技术即便再先进，也无法为实际业务带来帮助，大数据的应用务必要解决实际问题，唯有如此，大数据才是有价值的。

TalkingData 提出"泛会员"的概念，其既包括横向的、狭义显性的"泛会员"，更包括纵向的、广义非显性的"泛会员"。从横向来讲，"会员"指的是自有会员，也就是

CRM 系统中的"C"——customer，即留过痕迹的真实会员。从纵向来讲，"泛会员"将覆盖范围扩大到来过、逛过店铺，但没有消费过、留下痕迹的潜在会员。从更广的角度看，"泛会员"还包括其他所有没有到过店铺但在商圈覆盖范围内、可以触达但尚未触达的潜在会员。

以往，商业企业只能管理会员的消费记录、品牌偏好、消费金额、消费频率、姓名、手机号等结构化数据，在分析、运营会员的时候，也只能依据这些浅显的维度。如果消费者一年内在店内消费较多，就认为"这是有消费力的重点顾客"，如果特别少，就是"没有潜力的顾客"，这种判断显然过于粗放，容易让商家错失很多潜在的商机。而"泛会员运营"，指的是对一个消费者进行全面深层的了解，通过更多维度的数据去分析一个消费者的职住地半径、生活半径、所在商圈特征，以及结合相关的非结构化数据去分析他的审美取向、性格特点和价值观等。而这些很难立刻量化的内在、感性维度的标签，对消费者最终的购买决定和消费行为有着决定性的影响。通过深入分析"泛会员"的显性和非显性兴趣习惯，就能有针对性地、在不打扰消费者的前提下做到有的放矢、精准营销。

在了解了消费者之后，就可以从开源和节流两方面提升企业的运营效率：①开源，体现在更高效地获取新客，进而增加客户满意度、提升客户忠诚度、增加复购率和客单价。开源帮助零售企业在千万级的潜在客群中，定位和触达与其种子客群匹配度高的人群，将其转化为新客。②节流，体现在显著降低企业营销成本。以往没有精准的数据可参考，企业做营销别无他法，只能"广撒网"，明明知道营销费用有一半是浪费的，却无法知道是哪一半。现在，通过大数据这个精准的手段和工具，企业可以精准定位和影响目标客群。以往需要购买覆盖 100 万人次的曝光广告，现在可能只需要购买精准覆盖目标客群的 50 万甚至 30 万人次就够了。即使这部分人次的平均价格是以往的 1.5 倍或者 1.3 倍，但由于精准了，转化率提升了，ROI 还是提升了。

大数据并不能直接改变消费体验，更多时候，大数据对消费体验的优化是间接的。当商家不知道目标消费者是谁的时候，只能给所有客群发骚扰信息，会让消费者的体验很不好。但是，当商家了解消费者的个人特点及兴趣，推送的信息与消费者的需求或潜在需求相匹配，其体验就会非常好。归根结底，是大数据让定位客群更精准了。

二、7-Eleven 大数据项目

7-Eleven（图 10-1）的创始人铃木敏文早年曾经在日本出版科学研究所工作，这个研究所是东京出版贩卖公司为谋求出版业现代化而成立的调查机构，主要任务是收集分析各类出版物的出版数量、读者的类型和需求等。

在这项工作中，铃木先生白天收集大量的出版物的数据资料，对各种出版物、读者的数据进行分类、总结和归纳，同时他还要实地走访众多的读者，如何让形形色色的读者能够快速地对自己敞开心扉，并且探知他们对于不同书籍和杂志的真实需求，也成了铃木先生的一项重要工作。在晚上他则会参加由公司所聘请的大学教师讲授的统计学和心理学方面的课程。

图 10-1　7-Eleven

在这一过程中，铃木先生逐步掌握了有助于他未来零售经营的两个至关重要的基础学科——统计学和心理学。他曾经说道："在学习和实践的过程中，我看重数据，从数据里挖掘价值，同时也锤炼出一双不会盲目轻信数据的眼睛，能在第一时间捕捉数据的细微变化，并深层次地思考变化原因，这是因为我理解他人的心理。"

这两个学科分属不同的学科领域，貌似没有什么直接的联系。但仔细观察 7-Eleven 商店的日常经营，这两个学科无不融入各种细节当中，包括选品、预测、订货、服务、库存、陈列、整洁、店员的态度等。

在 7-Eleven 中，数据化管理的流程为分析需求、收集/整理数据、数据可视化、分析数据、模型建立、决策应用。通过这个流程将数据分析的结果以及所产生的各个场景中的决策建议甚至是直接的决策运用到生产、销售、采购、物流等各个环节中去，用于支持业务、运营、经营策略、战略规划。

而作为 7-Eleven 经营重要根据的方法论——"假设、实践、验证"，其实也是数据化管理的一种重要体现。在其经典的订货管理模式中，7-Eleven 从来不认为"昨天卖了5 个，今天一定也会卖 5 个"，今天和昨天相比，消费者有可能会发生改变，如零售店周边的学校今天要举行运动会，同时市场环境、竞争对手会发生改变。

在其总部层面，计划职能根据之前所收集到的大量影响销售的各种因素，如人口组成、消费特点、历史销售、商品特征等，同时结合各种实时数据如气温、活动、促销、竞争对手行为等因素建立数学模型，为各个区域和门店建立中长期与短期销售预测计划。这些预测计划会牵引后端的采购计划、物流计划、仓储计划、加工生产计划等。

数据化管理同时会直接指挥各个单一门店的日常单品补货计划，而最终的补货计划则更是融入了各个门店各种实际的、突发的、不可预知的事件的数据，这通常会由各个门店的店长和其他工作人员来判断。结合了总部和各个门店的综合因素的补货计划则会让补货的精准度大大地提升，同时降低整个供应链的成本。

门店的各种实际情况、各种假设，以及后来的验证过程，对于数学模型也是一种领域知识深度学习的过程。随着学习的深入，整个商品和供应链管理体系不断完善，其预测、补货、库存、物流、生产等环节就会构建成一套完整、深入、动态、有自我学习能力的良性系统。

以上只是 7-Eleven 数据应用的一个侧影，而其在实际业务上则运用多种分析手段如一般性分析、差异分析、趋势分析、相关性分析、建模分析等，将业务场景模拟仿真成数据模型，通过变换场景、指标来观察业务走势、输出指标的表现。这些分析手段有的简单、有的复杂，只是针对解决的目标问题不同而已。

7-Eleven 是这个领域的先驱，其主要服务目的是"站在消费者的立场上"考虑，为消费者提供便利的产品和服务，而这种思想不是仅仅从消费者角度出发，而是真正地深度思考如何以产品为媒介向消费者传递信息，引起他们的内心共鸣。7-Eleven 认为自己最大的竞争对手不是同行而是瞬息万变的消费者需求，这其实就需要深度把握消费者内心真实而动态的需求。例如，7-Eleven 认为现代年轻人消费模式和之前相比有了很大的变化，年轻人用完就买，买的数量不多，而且不愿意成批购买做应急储备，所以其商品的包装数量和尺寸普遍偏少和小，让消费者能够快速使用和购买。

同时，其针对消费者需求精品严选的能力也非常值得称道，这样所开发出来的商品都是消费者真正喜欢的，如为了制作口味正宗的红小豆糯米饭团，7-Eleven 不惜重金购置只适用这单一商品的蒸煮设备，目的就是让消费者找到自己小时候妈妈所做饭团的味道。总之，从细节出发，如餐巾纸等易耗品免费提供，24 小时的服务，消费者喜欢的商品，卫生间的布置，消费者意想不到的实惠，一个简单而义真诚的微笑等真正站在消费者的角度，满足他们物质和心理的需求。

7-Eleven 在其超过 40 年的零售实践中并没有提及各种炫目的理念、趋势、方向等，而是在身体力行地实践目前新零售所提倡的各种本质：大数据、场景消费、满足消费者需求、消费体验等。面对当今的中国消费者，中国的零售商不但需要借助数据来分析、洞悉数据背后的逻辑、规律和趋势，同时也需要运用相关的心理学知识来准确体察和把握消费者大众的内心感受，真正站在消费者的立场上考虑经营，这才是新零售的精髓所在。

三、盒马鲜生大数据项目

在线上线下融合和消费升级浪潮下，新零售浪潮汹涌而至，每一家电商巨头都在布局新零售，2016 年 12 月阿里巴巴提出了新零售概念，苏宁、京东也各自提出不同概念，但本质都是新零售。阿里巴巴在新零售战略上落地的重要棋子便是盒马，它是根据用户需求变化构造线上线下一体化的新零售模式，用阿里巴巴 CEO（chief executive officer，首席执行官）张勇的话说，是进行"新零售的顶层设计"。顶层设计盒马的成功落地，得益于阿里巴巴线上的多年积累和线下的及时布局。

2016 年底，阿里巴巴收购宁波当地连锁超市龙头三江购物，此后阿里巴巴和三江购物一起开出了第一家盒马鲜生门店，其中，盒马负责提供一整套的商业模式和技术、硬件，三江主要负责门店的经营管理。盒马鲜生的出现，即从 0 到 1 的全新设计的零售模式，供应链、物流、库存、支付、会员和营销六大零售基本要素全部进行整合，阿里巴巴与三江整合，线上与线下一体化，成为事实上的新零售标准，即"人、货、场的数字化的重构"，盒马鲜生取得的成绩也表明新零售模式的可行性。

盒马鲜生是阿里巴巴对线下超市完全重构的新零售业态。盒马是超市、是餐饮店，也是菜市场，但这样的描述似乎又都不准确。消费者可到店购买，也可以在盒马 APP 下单。而盒马最大的特点之一就是通过大数据实现快速配送：门店附近 3 千米范围内，30 分钟送货上门。盒马鲜生多开在居民聚集区，下单购物需要下载盒马 APP，只支持支付宝付款，不接受现金、银行卡等任何其他支付方式。

与传统零售最大的区别是，盒马运用大数据、移动互联、智能物联网、自动化等技术及先进设备，实现人、货、场三者之间的最优化匹配，从供应链、仓储到配送，盒马都有自己的完整物流体系。店内挂着金属链条的网格麻绳是盒马全链路数字化系统的一部分，能做到 30 分钟送货上门，在于算法驱动的核心能力。盒马的供应链、销售、物流履约链路是完全数字化的，从商品的到店、上架到拣货、打包、配送任务等，作业人员都是通过智能设备去识别和作业，简易高效，而且出错率极低，整个系统分为前台和后台，用户下单 10 分钟之内分拣打包，20 分钟实现 3 千米以内的配送，实现店仓分离。

阿里巴巴表示，创造盒马，不是单单为了在线下开店（毕竟中国并不缺海鲜卖场），而是希望通过线上驱动淘系消费数据能力，线下布局盒马与银泰商业，以及和百联、三江购物等开展更丰富的合作形式。模式跑通后，其数据能力和技术能力会对合作伙伴开放共享。

第十一章

大数据+医疗行业分析

第一节　医疗大数据应用分析

一、行业市场需求分析

在医疗健康领域，由于电子医疗记录时代的来临、医疗图像技术进步、基因研究以及制药工程中对于大型数据库的应用，大规模复杂数据在医疗机构中变得很普遍。对大量病人的各类数据进行数据挖掘分析，有助于更有效地找出疾病成因，进而提供针对性的预防、诊断和治疗措施。医疗大数据应用主要指的是将各个层次的医疗信息和数据，利用互联网以及大数据技术进行挖掘和分析，为医疗服务提供有价值的依据，使医疗行业运营更高效、服务更精准，最终降低患者的医疗支出。

美国著名的综合管理式医疗财团 Kaiser Permanente，拥有超过 800 万会员、36 家医院以及超过 400 家医疗机构，各部门需要在同一时间分析众多因素，包括治疗、人口统计资料（如年龄、性别等）、实验室结果、处方、诊断、医疗保险计划以及付款记录等，综合这些不同的信息，以便决策系统向医护人员提供完整的病人历史，选择最佳的医护办法。目前，医疗大数据的应用可分两类：一是对传统医疗的优化，即服务于医疗机构的大数据应用（包含医院、药企、险企、医疗器械企业等传统医疗行业机构），是对于传统医疗服务的问题和弊端，利用互联网及大数据技术加以改善和提升；二是对传统医疗的补充，即服务于大众医疗健康的大数据应用，是针对传统医疗服务未覆盖的市场需求，利用互联网和大数据技术与服务加以补充。

医疗大数据未来的市场需求主要包括以下几个方面：一是为医务人员服务，包括临床辅助决策、单病种大宗病例统计分析、治疗方法与疗效比较、精准诊疗与个性化治疗、不良反应与差错分析提醒等；二是为患者服务，包括全生命周期的健康档案、自我健康管理、健康预测与预警；三是为管理者服务，包括精细化管理决策支持、数据服务与数据经济、感染暴发监控、疾病与疫情监测等；四是为研究人员服务，包括科研服务、用药分析与药物研发等。

1. 诊疗方案有效性支持

对同一病人来说，医疗服务提供方不同，医疗护理方法和效果不同，成本上也存在着很大的差异。通过基于疗效的比较效果研究，全面分析病人特征数据和疗效数据，然后比较多种干预措施的有效性，可以找到针对特定病人的最佳治疗途径，并减少医疗费用。医疗护理系统实现 CER（conditioned escape response，条件性逃避反应），将有可能减少过度治疗，并且，所采集分析的数据样本越大，比较效果就越好。

2. 疾病危险因素分析和预警

研究疾病风险模型，设计疾病风险评估算法，计算个体患病的相对风险；利用采集的健康大数据危险因素数据，对健康危险因素进行比对关联分析；针对不同区域、人群，评估和遴选健康相关危险因素及制作健康监测评估图谱与知识库。

3. 医院感染暴发监测

医院感染严重危害人类健康，一旦暴发流行，如未采取积极有效的控制措施，将给患者和医院带来巨大的损失与痛苦。减少医院感染暴发危害性的核心是"早防范、早发现、早控制"。通过对医院感染数据的全面分析，能做到在医院层级有效地前瞻预警，增强干预措施的时效性，从而显著地提高医院感染管理。

4. 数据服务与数据经济

用户的医疗健康数据既包括在医疗机构的诊疗过程数据，还包括在社区的电子健康档案数据、自我检测的健康管理数据。医院建设医疗服务云平台，为用户提供医疗与健康云数据存储、管理、监控、分析与自主利用等服务，让这些数据产生经济价值。

二、行业竞争格局分析

当前欧美国家有关医疗大数据的研究和应用仍然引领全球，医疗大数据的创新应用到医疗行业各领域，并达到了较好的效果。我国医疗大数据的研究还处于起步阶段，企业、各级卫生机构纷纷在医疗大数据领域积极探索和实践。目前，涉及大数据医疗的企业众多，包括医疗机构（如医院诊所）、险企、药企、硬件厂商、移动应用厂商，以及创业者、投资机构等（表 11-1）。

表 11-1　中国医疗大数据主要企业情况

细分市场	企业名称	企业简介
信息化解决方案	东软集团股份有限公司	东软集团股份有限公司为中国医疗卫生行业的信息化建设以及个人健康服务提供从硬件到软件、从技术到服务的全面解决方案
	卫宁健康科技集团股份有限公司	卫宁健康科技集团股份有限公司是国内第一家专注于医疗健康信息化的上市公司，致力于提供医疗健康卫生信息化解决方案，不断提升人们的就医体验和健康水平。卫宁健康科技集团股份有限公司通过持续的技术创新，自主研发适应不同应用场景的产品与解决方案，业务覆盖智慧医院、区域卫生、基层卫生、公共卫生、医疗保险、健康服务等领域，是中国医疗健康信息行业最具竞争力的整体产品、解决方案与服务供应商
医药电商	阿里健康	阿里健康是阿里巴巴集团"DoubleH"战略在医疗健康领域的旗舰平台，开展的业务主要集中在产品追溯、医药电商、医疗服务网络和健康管理等领域
	海王星辰	海王星辰健康药房网于 2011 年 10 月 1 日上线运营，通过在线网络销售包括西药、中药、中成药等产品
	金象网	金象网隶属于北京金象大药房医药连锁有限责任公司，由北京金象在线网络科技有限公司负责运营，是国家批准的正规、合法的网上药店。金象网于 2007 年 6 月 18 日上线，历经多年的发展，已成为医药零售电子商务行业的领军企业

续表

细分市场	企业名称	企业简介
服务平台（医疗门户/移动APP）	春雨医生	春雨医生创立于2011年7月，历经4年的时间，截止到2015年7月春雨医生已拥有6500万用户、20万注册医生和7000万条健康数据，每天有11万个健康问题在春雨医生上得到解答，是世界上最大的移动医患交流平台
	丁香园	丁香园是中国最大的医疗领域连接者以及数字化领域专业服务提供商。成立以来，丁香园打造了国内最大的医疗学术论坛及一系列移动产品，并全资筹建了线下诊所。截至2018年4月通过专业权威的内容分享平台、丰富全面的数据积累、标准化高质量的医疗服务，丁香园连接医院、医生、科研人士、患者、生物医药企业和保险，覆盖千万大众用户，并拥有550万专业用户，其中包含300万医生用户，140万认证医生。丁香诊所已在杭州和福州落地，并计划延伸至更多城市
可穿戴设备	天津九安医疗电子股份有限公司	天津九安医疗电子股份有限公司作为全球家用移动医疗智能硬件领域的领先企业，也是全球第一家与苹果手机结盟的医疗器械制造商，公司在北美有超过1万家店铺销售渠道

资料来源：中商产业研究院

三、行业应用前景分析

大数据分析技术的提升，改变了医生的行医方式、临床评估方式和与患者交互的方式。在国外已经开始实现数字化寻医问诊。如美国在线医疗服务使医生或联合医疗服务提供者实现实时、安全的电子化视频问诊。目前，科技企业、互联网公司纷纷把目光转向智能医疗设备、智能随身设备，这些产品能够随时随地采集用户的身体特征，如体温、睡眠质量、血压、脉搏等数据，而且这些数据能够通过智能终端传递到远方的服务器上，然后通过科学的方法对用户的健康状态进行管理。大数据技术可以使医生跨市、跨省甚至跨国学习了解其他顶尖医生的治疗经验，汇集、提炼全球优秀医者的治疗方案，进一步提高医生的执业水平。同时，大数据技术让医学诊断在未来有可能逐渐演化为全人、全程的信息跟踪、预测预防和个性化治疗。著名的苹果公司创始人乔布斯，曾经花费10万美元将他的肿瘤和正常的DNA进行测序，以期找到针对性的治疗方案，虽然这并没有挽救乔布斯的生命，但是随着科学技术的进步，根据患者基因信息提供个性化的医疗方案不再只是设想。

医疗大数据是医疗行业创新驱动的源泉，促进和规范医疗大数据应用发展，有利于深化医药卫生体制改革，提升健康医疗服务效率和质量，为人民群众提供全生命周期的卫生与健康服务。在医疗信息大数据时代，移动互联网、大数据、云计算等多领域技术与医疗领域逐步跨界融合，新兴技术与新服务模式快速渗透到医疗行业的各个领域。医疗大数据可广泛应用到新药研发、医疗器械、医疗服务、个人健康、医疗行业管理、医学教育等医疗产业领域。

1. 新药研发

传统药物研发模式投入高、风险高、周期长，成功率微乎其微，新药研发的药物筛选、立项、临床、上市等所有环节都需要大数据支撑。通过大数据分析，能在药物研发早期获得足够的数据，创建更为有效的开发流程，优先分配资源，提高研发效率、降低失败风险、缩短周期、节约成本、提升营销精准率。

2. 医疗器械

目前我国大部分医疗器械笨重、不便携带、不能实时对患者进行健康监测。大数据时代，可通过便携的医疗器械对患者进行实时监测，并利用大数据和信息处理技术，将采集到的相关大量数据进行筛选、计算和分析，及时追踪患者的健康状况。大数据将驱动便携式医疗器械快速发展。

3. 医疗服务

我国医院仍存在标准不统一、信息不共享、结果不互认、业务难协同等一系列的问题，造成医疗服务不便捷、医疗成本高、治疗效果不理想。大数据模式下，通过标准统一的个人电子健康档案制度，患者所有就诊基本数据、病例数据、用药数据等都可以被记录在大数据平台，有利于构建预防、治疗、康复和自我健康管理的一体化电子健康服务，让患者享受更便捷、高效、精准的医疗服务。

4. 个人健康

我国个人健康服务方式单一，主要通过年度健康体检来发现个人健康异常和重大疾病风险，但时间跨度大、地域覆盖能力不够，协同性差。大数据时代，可通过便携医疗器械进行实时监测，将每个人的年龄、性别、人种、家族病史、个人生活形态、饮食习惯、遗传特质加上专科医师的特殊检查报告，甚至基因状态等相关个人资料整合起来，实现个人身体状态的管理、监测、预警，提供更精确、更科学化的健康管理服务。

5. 医疗行业管理

医疗大数据可破解"看病难、看病贵、病难治"三大医疗难题，利用大数据资源和信息技术手段，构建区域医疗机构联合体，实现优质医疗资源的共享、患者就医数据的互连互通，大力助推远程医疗、移动医疗、智慧医疗、分级诊疗等新兴医疗服务模式的发展。

6. 医学教育

医疗大数据时代，预测、预防、个性化治疗、分子诊断以及病人参与度等因素将是未来医疗体系的基础。医学生将面临全新的医疗工作模式，医疗决策和医患交流模式发生了巨大变化，医疗决策将更依赖于医疗数据的解读、数据库检索、互联网数据的采集和分析、电脑技术、视频会议、机器介入等技术成果。在大数据时代背景下，医学教育应充分利用新资源，整合课程设计、调整教师角色、优化教学方法、提升教学管理以及个性化人才培养。

目前，基于互联网的数据传输与分析技术，大数据在医疗行业的应用已逐步受到市场的关注，越来越多的企业开始发展互联网及移动医疗服务，大数据的应用也被逐渐提上日程。随着我国医疗信息数据的积累、医疗行业的快速发展、互联网和医疗的不断融合、健康管理市场的不断扩大，通过提高大数据分析技术，对各个层次的医疗信息和数据进行挖掘与分析，为医疗行业各领域提供有价值的依据，使医疗行业运营更高效、服务更精准，最终减少患者的医疗支出。

第二节　医疗大数据应用案例分析

一、惠州市中心人民医院大数据项目

近年来，面对大数据来袭，世界上很多国家都在积极推进医疗信息化发展，惠州市中心人民医院正是在这样的大背景下，以超前的眼光，致力信息集成平台的建设，全面拥抱大数据、用活大数据，借助大数据打造出智慧医疗的新时代。

2014 年，惠州市中心人民医院构建了以患者为中心、以诊疗为主线、以临床信息系统为核心的大型医院信息集成平台，并以此为基础建立医院临床大数据中心，通过平台的适配器对历史数据进行抓取与标准化转换，让数据价值发挥出来，大大提高了医院信息的共享程度，促进了临床业务协同，提升了医院工作效率。惠州市中心人民医院这种基于医院信息平台建立临床大数据中心的创新模式，在国内医疗行业尚属首创。2018 年，惠州市中心人民医院的临床大数据中心已接入业务系统 32 套，完成数据接口 135 个，每天进行交换和整合的数据超过 30 万条，已分析整合的数据量近 30 TB。医院的数据整合实现了标准化，数据共享与分析的可信度显著提高，在用数据与历史数据实现了有效整合，数据共享和数据价值得到充分利用，云平台架构满足了医院持续发展与数据不断增长的需求，全流程闭环管理，确保了业务功能、数据流、业务流程的安全和完整。

大数据统一了医疗业务服务平台，为医护人员提供更便捷的报表体验，提升了医疗工作效率。医院通过临床大数据中心对大量的数据进行分析，可得出类似疾病、症状及实验室数据的相关性，建立起针对某一些典型疾病的分析模型和临床诊疗过程的指标与结果评价模型。大数据强化了系统智能用药的指导，通过分析医院同一疾病用药品种、剂量、疗程与疗效间的关系，以及药物之间的关系，确定药品更多的适应症和发现其副作用。大数据拓展个性化治疗的途径，医生可通过对中心实验室分子病理组织库的组织样本和基因组数据的分析与挖掘，观察遗传变异因素以及对特定疾病的易感性和对特殊药物的反应关系，形成个体化诊疗的参照与对比数据库，针对不同的患者制订不同的诊疗方案，或者根据患者的实际情况调整药物剂量，提高个性化治疗的效果。

随着临床大数据平台建设，惠州市中心人民医院还实行智能化的全流程服务，患者到医院就诊，可以通过平台的患者服务系统和数据服务引擎，迅速完成自助预约、缴费等流程，系统会通过预约患者的信息（包括既往病历资料）、门诊科室压力信息等因素进行大数据的智能分析，给患者推送出最佳的诊疗流程，患者可根据系统平台的智能提醒，依时前往就诊，减少了排队等候的烦恼。基于该平台，2015 年，惠州市中心人民医院还推出了分时段预约，"支付宝""微信"等平台预约、缴费等措施，科学地分流患者，使患者就诊更加方便快捷、简单易行。

二、"云上医院"大数据项目

2015 年 4 月东华软件与阿里云、西安国际医学共同建设互联网医院、居民健康大数据平台和商业云平台，三方合作的首个项目落子"云上医院"，这是国内第一家以数据驱动精准医疗、健康管理的实体医疗机构，也是国内首家从一开始就基于云进行设计、开发、搭建和管理的医疗机构，而之前的医疗机构更多是在原有 IT 基础上改造后迁移至云端。

西安国际医学集团总裁史今表示，云上智慧医院将突破地域、时间、专家资源不均等限制，整合时间碎片为患者提供更为开放、连续性的服务，同时对线下提供有效互补。通过云端服务，患者不需要长时间等候，可实时了解院内接诊情况，同时采用移动支付也能减少多次排队，远程咨询、回访病情等则能增强人文关怀。此外，通过"云上医院"的大数据平台，还可以在全球为患者匹配最权威的专家以及疗效最好的药品。阿里云总裁胡晓明说，利用"云上医院"的大数据平台，能给个人健康提供档案化管理，并为线下患者康复、优化医学路径提供数据支撑。如通过"云上医院"，居民每一年的体检报告都将与过往体检信息产生联动，并且实现疾病预警："大数据会分析你的家族病史，提前为你制定出适合食谱和选择最精准的药物，并通过商业云平台为你推荐靠谱的药店和药品。"

"云上医院"有望成为下一代民营医院样板：①"云上医院"采用互联网模式建设，打通医院与医院、医生与患者、医疗与医药之间的信息交互，彻底实现互联网医疗；②东华软件负责整个技术平台的搭载和接口，西安国际医学负责市场终端的实现和服务，阿里云提供底层的云计算与大数据分析支撑，并整合阿里巴巴资源，为互联网＋医疗的药品 O2O、移动支付等提供支持。

"云上医院"开启以民营医院为核心的 O2O 模式，阿里巴巴得以切入医疗领域核心环节：①此前软件企业/互联网企业的医疗 O2O 布局都是围绕具备资源优势的公立医院，由于难以获得核心数据，相关企业的增值服务大多围绕挂号、医药销售等边缘环节展开；②"云上医院"基于新技术，以民营医院为核心打通医疗 O2O，避开了国家政策以及传统医疗体系的制约，阿里巴巴得以切入医疗 O2O 闭环中的核心环节。

东华软件将由解决方案提供商向医疗行业数据运营商转型。公司基于 HIS（hospital information system，医院信息系统）实现了线下医疗资源卡位，正将产业链延伸至医保控费、健康管理等新领域，"云上医院"项目将促进公司与阿里巴巴在"未来医院"等领域的合作，并提升公司打造医疗 O2O 闭环的能力。如果能够获得产业链数据，公司还将进一步探索数据价值的变现。

三、公益大数据平台项目

2015 年 4 月，百度、青岛大学附属医院、海信医疗就"人类数字肝脏数据库合作平台"项目正式签署三方合作协议。百度与青岛大学附属医院签署战略合作框架协议。

　　此次合作将通过百度的大数据平台与青岛大学附属医院在肝脏医疗领域的临床数据案例以及提供医学数据三维成像的海信 Higemi 产品，在展示合作医学数据的同时吸引更多医疗学科的加入，共同打造一个在医学领域极具参考价值与实际意义的公益性大数据开放平台。

　　这个肝脏数据库开放平台有着领先世界的医疗成果和医疗大数据展现能力。它首先利用海信医疗研发的 Higemi 软件将原始肝脏 CT 图像经三维重建后生成模拟肝脏数据，结合该肝脏数据的案例详情和标注，以模拟动画的方式将数字肝脏清晰而完整地在网络平台中呈现出来。任意角度的模拟动画不仅可以清晰、直观地了解患者的肝脏结构和内部肿瘤状态，提升医生对患者的了解程度，还可以通过模拟手术的方式帮助临床医师进行预热，从而极大地提高肝脏肿瘤临床手术的成功率，并最大限度地降低患者创伤及痛苦，提高患者与医生的沟通效率，具备极高的医学教学价值与临床手术指导价值。该平台上的全部肝脏数据将免费对外开放。

四、北大医信大数据平台项目

　　北大医疗信息技术有限公司（以下简称"北大医信"）的前身，是中国首家专业从事医院信息系统软件开发与应用工程的企业，目前北大医信已经瞄准医疗大数据的战略方向。截至 2016 年，北大医信服务过的医院超过 500 家，其中三甲医院 200 多家，占全国三甲医院总数的 1/4 左右，北京大学下属有 9 家附属医院、13 家教学医院。这些医院信息系统中积累的大量数据，为进行大数据分析和利用打下了坚实的基础。

　　在临床辅助决策方面，北大医信的临床决策支持体系正在北京大学人民医院、北京大学国际医院、江苏省人民医院进行试点。北大医信已经开发临床预警类和建议类的应用。预警类的应用可以根据患者的一些生命体征，判断患病风险并进行提示。建议类的应用，目前做了糖尿病这个病种，系统可以根据糖尿病患者的症状、检验检查结果和病历，给出相应的治疗方案建议。

　　在数据挖掘方面，北大医信已经基于 CorelDRAW 汇集的临床数据做了一些数据分析框架的探索。例如，基于医疗大数据建立疾病、症状、检验检查结果、用药等信息之间的关联关系，构造医疗知识图谱，称为"疾病星系图"，其核心是利用医疗大数据发现关联关系，未来可用于疾病探查、辅助诊断、辅助用药等。该产品研发完成后，将成为医生的诊疗辅助工具。另外，针对个人用户，北大医信还推出了面向医生和患者的手机应用、基于微信的医院公众号服务等产品。

第十二章

大数据 + 电信行业分析

第一节　电信大数据应用分析

一、行业市场需求分析

国内电信运营商大数据市场需求主要有四方面：①网络管理和优化需求，包括基础设施建设优化与网络运营管理和优化；②市场与精准营销需求，包括客户画像、关系链研究、精准营销和实时营销、个性化推荐；③客户关系管理需求，包括客服中心优化和客户生命周期管理；④企业运营管理需求，包括业务运营监控、经营分析和市场监测。

1. 网络管理和优化

1）基础设施建设优化

利用大数据实现基站和热点的选址以及资源的分配。运营商可以通过分析话单中用户的流量在时间周期和位置特征方面的分布，对 2G、3G 的高流量区域设计 4G 基站和 WLAN（无线局域网）热点；同时，运营商还可以建立评估模型对已有基站的效率和成本进行评估，发现基站建设的资源浪费问题，如某些地区为了完成基站建设指标将基站建设在人迹罕至的地方等。

2）网络运营管理和优化

在网络运营层面，运营商通过大数据分析网络的流量、流向变化趋势，及时调整资源配置，同时还可以分析网络日志，进行全网络优化，不断提升网络质量和网络利用率。利用大数据技术实时采集处理网络信令数据，监控网络状况，识别价值小区和业务热点小区，更精准地指导网络优化，实现网络、应用和用户的智能指配。

2. 市场与精准营销

1）客户画像

运营商基于客户终端信息、位置信息、通话行为、手机上网行为轨迹等丰富的数据，为每个客户打上人口统计学特征、消费行为、上网行为和兴趣爱好标签，并借助数据挖掘技术（如分类、聚类、RFM［R（recency）时限、F（frequency）频次、M（monetary）金额］等）进行客户分群，完善客户的 360 度画像，帮助运营商深入了解客户行为偏好和需求特征。

2）关系链研究

运营商通过分析客户通讯录、通话行为、网络社交行为以及客户资料等数据，开展交往圈分析，尤其是利用各种联系记录形成社交网络来丰富对用户的洞察，并进一步利用图挖掘的方法来发现各种圈子，发现圈子中的关键人员，以及识别家庭和政企客户，或者分析社交圈子寻找营销机会。如在一个行为同质化圈子里面，如果这个圈子大多数为高流量用户，并在这个圈子中发现异网用户，可以推测该用户也是高流量的情况，然后通过营销活动把异网高流量用户引导到自己的网络上。总之，利用社交圈子提高营销效率，改进服务，低成本扩大产品的影响力。

3）精准营销和实时营销

运营商在客户画像的基础上对客户特征深入理解，建立客户与业务、资费套餐、终端类型、在用网络的精准匹配，并在推送渠道、推送时机、推送方式上满足客户的需求，实现精准营销。如利用大数据分析用户的终端偏好和消费能力，预测用户的换机时间，尤其是合约机到期时间，并捕捉用户最近的特征事件，从而预测用户购买终端的真正需求，通过短信、呼叫中心、营业厅等多种渠道推送相关的营销信息到用户手中。

4）个性化推荐

利用客户画像信息、客户终端信息、客户行为习惯偏好等，运营商为客户提供定制化的服务，优化产品、流量套餐和定价机制，实现个性化营销和服务，提升客户体验与感知；或者在应用商城实现个性化推荐，在电商平台实现个性化推荐，在社交网络推荐感兴趣的好友。

3. 客户关系管理

1）客服中心优化

客服中心是运营商和客户接触较为频繁的通道，因此客服中心拥有大量的客户呼叫行为和需求数据。利用大数据技术深入分析客服热线呼入客户的行为特征、选择路径、等候时长，并关联客户历史接触信息、客户套餐消费情况、客户人口统计学特征、客户机型等数据，建立客服热线智能路径模型，预测下次客户呼入的需求、投诉风险以及相应的路径和节点。这样便可缩短客服呼入处理时间，识别投诉风险，有助于提升客服满意度。

2）客户生命周期管理

客户生命周期管理包括新客户获取、客户成长、客户成熟、客户衰退和客户离开五个阶段的管理。在客户获取阶段，通过算法挖掘和发现高潜客户；在客户成长阶段，通过关联规则等算法进行交叉销售，提升客户人均消费额；在客户成熟阶段，通过大数据方法进行客户分群（如 RFM、聚类等）并进行精准推荐，同时对不同客户实施忠诚计划；在客户衰退阶段，需要进行流失预警，提前发现高流失风险客户，并做相应的客户关怀；在客户离开阶段，通过大数据挖掘高潜回流客户。

4. 企业运营管理

1）业务运营监控

基于大数据分析网络、业务、用户和业务量、业务质量、终端等多个维度，为运营商监控管道和客户运营情况；构建灵活可定制的指标模块，构建 KPI 等指标体系，以及异动智能监控体系，从宏观到微观全方位快速准确地掌控运营及异动原因。

2）经营分析和市场监测

通过数据分析对业务和市场经营状况进行总结与分析，主要分为经营日报、周报、月报、季报以及专题分析等。数据来源则是企业内部的业务和用户数据，以及通过大数据手段采集的外部社交网络数据、技术和市场数据。分析师转变为报告产品经理，制定报告框架、分析和统计维度，剩下的工作交给机器来完成。

二、行业竞争格局分析

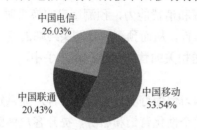

图 12-1   2016 年中国三大电信运营商市场占比

注：图中数据的时间为 2016 年前三季度。

资料来源：企业年报、中商产业研究院

国内电信市场长期被中国移动有限公司（以下简称"中国移动"）、中国联合网络通信（香港）股份有限公司（以下简称"中国联通"）和中国电信股份有限公司（以下简称"中国电信"）三大运营商垄断，竞争结构保持着相对稳定的格局，单就传统的电信市场看，中国移动领跑三大运营商，处在独大的格局。2016 年前三季度，中国移动占市场份额的 53.54%（图 12-1），超过中国联通和中国电信占比之和，上述的三大运营商皆有涉足电信大数据项目。

三、行业应用前景分析

基于英特尔架构的大数据软硬件技术给电信行业带来了很大机遇，这些数据的挖掘分析还会为最终客户的使用体验展现出更高的价值，为未来移动互联网的发展奠定良好的基础。未来随着大数据技术的成熟和应用的推广，运营商将围绕数据标准化、精准营销、优化用户服务体验、提高业务效率四个方面来强化大数据的应用。

1. 我国电信大数据应用起步晚于国外，但成长迅速，呈赶超态势

当前，电信大数据应用呈现蓬勃发展态势。综合国内外情况来看，国际运营商领先开始进行大数据业务布局，打造大数据应用平台，从内部应用大数据支撑运营起步，以基于位置的对外精准营销服务为突破点，不断丰富和深化在零售、医疗和智慧城市等多个垂直领域的数据应用与价值变现。经过多年发展，国际运营商大数据运营能力已逐渐成熟，大数据应用市场正处于稳定发展期。

我国运营商在 2013～2014 年，先后逐步明确将大数据业务定位于转型与创新发展的重要战略方向，通过构建大数据能力平台、设立大数据业务专业化运营团队等措施，逐步形成大数据应用发展基础能力。在成长期，内外部应用同步拓展，实现大数据在市场营销、网络优化和运营管理等多个层面的应用支撑，并以金融、政务等垂直领域为试

点，不断拓展对外数据价值应用变现渠道。目前，我国大数据应用市场需求不断增长，大数据相关产业技术不断成熟，电信大数据应用正处于快速发展期。

2. 运营商重点布局零售、医疗、金融、政务和智慧城市等领域

从对外应用方向上看，运营商大数据应用重点在零售、医疗、金融、政务和智慧城市等领域，主要是基于用户属性、使用行为和位置信息等数据内容，形成清晰、准确的用户个人画像，建立理想的目标人群模型，为各垂直行业的合作方提供精准营销、客流统计、商业选址、信用分析、安全预警等数据支撑服务。在具体的热点应用领域方面，由于社会经济发展条件的差异，国内外运营商的电信大数据应用热点领域既有共同点，也存在明显的差别。

零售、医疗和智慧城市是国外运营商最主要的大数据应用领域。而在国内，一是由于我国金融征信产品较为单一，且个人征信覆盖率较低，为金融领域的电信大数据应用创造了条件，所以基于电信大数据的金融征信服务领域成为运营商布局热点。二是基于大数据应用安全风险的控制要求，同时在各级政府信息化发展需求仍具有较大空间的情况下，政务领域成为电信大数据应用的另一重点。从数据中心联盟 2017 年度电信大数据"司马奖"的申报成果数量来看，国内电信大数据对外应用方面，金融和零售并列排在首位，占比均为 14.55%，其后依次为政务、旅游和智慧城市，占比分别为 12.73%、10.91%和 9.09%。

3. 内外部同步推进，但仍以电信企业内部应用更为深入广泛

目前，全球主流电信运营商在大数据应用方面的思路比较一致，结合国际运营商大数据应用地图和国内电信大数据"司马奖"评选成果收集情况来看，对内利用大数据技术支撑公司运营管理仍是大数据应用的首要选择。对外基于自身数据资源优势开发大数据产品，内部商业应用和外部商业拓展同步推进。由于电信运营商掌握的是几乎所有个人和部分设备的行为数据，外部商业拓展理论上能够在几乎所有行业领域内发挥价值，但出于用户隐私保护、数据共享安全等因素的考虑，目前外部应用范围有限。电信行业内部大数据应用相比之下开展得更加深入和广泛，包括基于客户画像的精准营销、流失预警、网络优化、服务优化等。

4. 专业化和独立化是电信企业大数据业务发展主要策略

大数据业务具备典型的移动互联网产品特征，与传统电信业务有较大差异，需要更加灵活的运营管理模式。根据国际运营商的实践经验，大数据业务运营均是以产品为核心，整合此前分散在各部门的设计研发、营销推广和客户服务等运营环节，构建专业化的大数据业务运营体系。电信企业主要是通过成立专门的大数据业务发展部门或新公司，来实现更加灵活的大数据业务开发和对外合作机制。如西班牙电信率先成立名为"动态洞察"的大数据业务部门；Verizon 成立了基于大数据分析的精准营销部门 Precision Marketing Division；新西兰电信成立独立的大数据子公司 Qrious。

第二节　电信大数据应用案例分析

一、中国电信大数据项目

2014 年 11 月，由中国电信、中国东方航空、中国航信、工业和信息化部电信研究院、中国互联网协会互联网金融工作委员会、易车、亚信科技、晶赞科技 8 个单位发起，45 家企业联合组成的中国企业大数据联盟在北京举行成立大会。

大数据在优化商业服务、拉动信息消费、改善社会治理、促进经济转型等方面发挥着越来越积极的作用。中国企业大数据联盟的成立，对推动大数据技术标准和数据安全标准的建立、跨界合作和商业模式创新有着积极的意义。中国电信作为联盟的发起方和倡导者，将坚持"全面聚合、深入挖掘、高效应用"的大数据发展战略，开展全面深层次合作，全力打造数据生态链，推动大数据创新发展。

中国企业大数据联盟致力于推动跨界大数据标准制定与合作，积极促进大数据技术成果在各行业的应用推广，全面提升成员单位大数据应用的整体水平；汇聚各方力量，借鉴世界先进经验，使联盟成为推动大数据技术进步、应用创新的中坚力量，为我国大数据产业健康发展做出贡献。中国企业大数据联盟将给企业提供一个多维度数据共享的平台，促进联盟成员加强交流，充分利用已有的数据能力，实现跨行业、多维度的数据互补，在产业规模化、行业阳光化、使用规范化方面，建立起统一的数据标准和数据安全机制，更大限度地挖掘企业大数据使用的能力，促进创新应用推广。

二、中国移动大数据项目

中国移动 2001 年开始规划数据仓库，在做数据仓库的过程中，主要汇集的数据为结构化数据。2010 年，公司开始做一些云计算方面新技术的研究部署，中间还有一个 MPP（massive parallel processor，大规模并行处理计算机）分布式数据库。在大数据的具体研发、产业合作与对外应用方面，进行了一系列积极探索和实践。在自主研发方面，中国移动在 2007 年启动"大云"研发计划，构建了海量存储处理、数据分析和挖掘等核心能力。

"大云"大数据平台项目立志于研发通用的、提供端到端大数据处理能力的大数据平台，打造中国移动在 Hadoop 大数据产品族之上的自研大数据平台产品，提供完善的大数据能力与完整的大数据解决方案，提升现网大数据系统的平台能力，为中国移动 IT 系统的大数据平台建设打下坚实的基础。

"大云"大数据平台是融安全、数据采集、存储和处理、能力和应用以及运维和运营管理为一体的大数据平台产品，其核心组件包括"大云"Hadoop 数据平台（BC-Hadoop）、"大云"大数据仓库系统（BC-HugeTable）、"大云"大数据运营管理平台（BC-BDOC）等。"大云"大数据平台已先后被应用于多个单位、部门的 42 个项目，在生产系统中部署了超过 1000 台服务器。目前，依托"大云"大数据平台，应用单位的多项大数据相关业务已完成迁移，由"大云"大数据平台提供对数据采集到存储和处理等大数据场景的全面支持。

"大云"大数据平台提供了完善的大数据能力，其中的子产品可分为三类：基础组件产品（如"大云"Hadoop 数据平台）、"大云"大数据运营管理平台产品和应用产品（如"大云"互联网采集系统）。其中，"大云"大数据运营管理平台产品提供大数据运营管理、数据管理和安全管理的功能，是核心产品之一。技术层面上，"大云"大数据运营管理平台提供了基础大数据产品之上全面化的平台能力，解决了开源大数据基础组件的多租户能力不足的问题。应用层面上，将包括"大云"大数据运营管理平台在内的大数据平台产品运用于各个公司的大数据平台建设，为其解决了不同部门、不同应用间的资源隔离、资源统一分配、服务申请、数据共享等问题。"大云"大数据运营管理平台带来了一套大数据平台代替传统的多个小集群的模式，实现一套大数据平台部署多项应用，并做到资源合理分配，消除应用之间的影响，有效降低成本，提高集群的资源利用率。

中国移动"大云"大数据平台产品，是基于成熟的 Hadoop 大数据基础组件实现的具有完善的大数据能力与完整的大数据解决方案的平台型产品。中国移动在研发过程中提出了多项专利，对包括"大云"大数据运营管理平台、"大云"大数据仓库系统、"大云"并行数据挖掘系统（BC-PDM）、"大云"数据交换工具（BC-CrossData）、"大云"互联网采集系统和"大云"互联网情报分析系统在内的多项子产品拥有完全自主知识产权。通过自主研发，中国移动掌握了大数据运营平台建设的关键技术，为提高我国大数据自主创新能力、培育战略性新兴产业、加快转变经济发展方式提供了重要支撑。

三、中国联通大数据项目

中国联通的"沃指数"大数据产品体系是在中国联通 4 亿的用户数据基础上开发而来，基于通信网络的实时性，中国联通大数据不仅仅保证了数据提供的可持续性和速度，还保证了数据的海量和多元性。

"数据魔方"就是一款借助中国联通最优质的大数据算法和模型设计出的精准的产品，帮助企业看清其目标客户的行为特点，而从这些行为特点中，企业便可以更加清晰地去洞察市场。"数据魔方"包括数个主要应用模型：用户情感识别、用户地理位置识别、用户子嗣模型，以及品牌关联与识别模型。中国联通会根据独有的一套完整的方法论体系，配合这些模型，再结合对于其用户的基础信息、上网行为等数据的智能算法，将数据分析的结果可视化，以达成合作伙伴的诉求。例如，一家企业的营销资源在微信环境下，中国联通"数据魔方"不仅可以预测出传播的效率、效果，同时还可以清晰地勾勒出传播工作所触达的用户群的行为画像，从而可以更好地指导该企业在微信中所使用的页面创意、传播策略、互动形式等工作。"数据魔方"是中国联通大数据的产品实体，它不仅能够洞察当下的行业热点、洞悉市场情绪、高效锁定目标用户、最大化企业收益，还可以通过对客户品类市场的需求、竞品情况、消费者整体行为或分化特点等信息进行系统收集和综合分析，预测未来的行业发展方向和即将爆发的领域，从而帮助客户识别并把握市场机会，降低商业决策风险，实现长期稳定的经营与发展。

第十三章

大数据+交通行业分析

第一节 交通大数据应用分析

一、行业市场需求分析

在当前大数据时代背景下，海量数据所产生的价值不仅能为企业带来商业价值，也能为社会产生巨大的社会价值。随着智能交通技术的不断发展，凭借各种交通数据采集系统，交通领域积累的数据规模庞大，各类交通工具，如飞机、列车、水陆路运输逐年累计的数据从过去 TB 级别达到目前的 PB 级别。同时，伴随近几年大数据分析等技术的迅速发展，对海量的交通数据进行挖掘分析是交通领域发展的重要方向，得到了多地政府和企业的高度重视。智能交通产业是现代 IT 技术与传统交通技术相结合的产物，而交通大数据产业是大数据技术在智能交通领域内的应用产业。目前，交通大数据的交易需求已日益显现，并且在交通管理优化、车辆和出行者的智能化服务方面以及交通应急与安全保障等方面都已经产出了应用成果。例如百度将自身的地图生态开放给交通部，完善增加其交通数据规模，百度地图的日请求次数大约有 70 亿次，拥有大量的用户出行数据，交通部可以根据百度提供的数据来提高数据的可靠性，成为可靠的参考样本，进而做好决策。其他一些大数据服务企业利用自身收集的交通数据及交易的数据，分析用户出行数据，预测不同城市间的人口流动情况，如春运期间的交通调整等。

大数据交易在交通领域具有广泛的应用价值。第一，可提高交通运行效率。大数据技术能提高交通运营效率、道路网的通行能力、设施效率和调控交通需求分析。第二，可提高交通安全水平。大数据技术的实时性和可预测性有助于提高交通安全系统的数据处理能力。第三，可提供环境监测方式。大数据技术在减轻道路交通堵塞、降低汽车运输对环境的影响等方面有重要的作用。交通大数据产业未来发展的行业需求体现在以下两方面。

（1）针对交通规划、综合交通决策、跨部门协同管理、个性化的公众信息服务等需求，建设全方位交通大数据服务平台。

（2）整合多源交通大数据，逐步建设交通大数据库，提供道路交通状况判别及预测，辅助交通决策管理，支撑智慧出行服务，加快交通大数据服务创新。

大数据的价值核心在于通过大数据能够发现和预测现实中的一些现象，在利用大数据的核心价值方面，交通运输行业充分抓住了这个特点。大数据的虚拟性以及信息集成优势和组合效率较大程度上改变了传统公共交通管理的路径。大数据具有跨时空性的特点，可以打破现有的行政空间限制，有利于信息的跨区域管理。利用大数据的跨时空性，对交通运输行业的数据进行集成、检索和分析，挖掘出有价值的相关信息，尽可能地满足各种交通需要，从而实现交通运输业的需求、供给、时间、地点等维度的最大限度匹配。例如，根据全国高速公路收费数据，通过结合交通流量调查信息与重点营运车辆联网联控信息，可以比较准确地知道某一时刻、某一区域的人员流量、车流量，甚至物流信息，进而对未来几十分钟甚至更长时间内的路网交通状况进行预测。当发生一些重大的交通事故，能够准确地预判对于交通的影响，从而制订一个完善的交通指导方案。此外，大数据还可以帮助警方破获车辆的盗窃案。当车辆被盗时，数据中心能够收集到各路网的交通监控视频，进行数据分析，根据被盗车辆的行驶轨迹进行预测，推测出该车下一刻可能出现的地理位置。事实证明，先进的大数据技术能够帮助政府更好、更有效率地管理公共交通。IBM 研究中心针对交通的大数据管理主题，与加利福尼亚州运输部以及加利福尼亚大学伯克利分校的加州创新运输中心进行合作，目的在于预测上班族的交通条件。大数据带给传统交通运输行业新的管理、新的构架、新的决策方式。

二、行业竞争格局分析

在我国"十二五"期间，建设服务型政府已成为各地政府改革的重要目标，交通部门也在由管理型部门向服务型部门转变，举措之一是推动地面公交、轨道交通、民航、铁路、交管、气象、消防等部门实现数据信息共享。大数据技术能够对各种类型的交通数据进行有效的分析整合，挖掘数据之间的联系，提供实时路况信息。中国大数据技术在智能交通领域中发展较晚，目前拥有交通大数据的企业还处在业务探索阶段，还未形成明显的市场竞争格局。当前，将大数据技术应用在智能交通领域发展态势较好的企业有北京千方科技集团有限公司（以下简称"千方科技"）、北京世纪高通科技有限公司（以下简称"世纪高通"）、高德软件有限公司（以下简称"高德"）。

千方科技初创于 2000 年，是中国交通信息化领域首家登陆美国纳斯达克资本市场的高科技企业，主要从事交通运输行业信息化、智能化建设与服务。千方科技现已在智能交通领域形成完整的产业链，并拥有成熟的运营管理、服务经验，形成"城市智能交通""高速公路智能交通""综合交通信息服务"三大智能交通业务板块有机结合、齐头并进、稳步上升的发展格局。在此基础上，公司积极开展"大交通"产业战略的布局，不断推动公司业务向民航、水运、轨道交通等领域拓展，并已在民航信息化领域取得初步成绩，成为国内唯一一家综合型交通运输信息化企业。

世纪高通成立于 2005 年，隶属于中国航天科技集团公司，其控股母公司为北京四维图新科技股份有限公司。世纪高通是北京市高新技术企业和软件企业，始终坚持自主创新，已经拥有自主知识产权的交通信息 RTIC（real-time traffic information in China，中国实时交通信息）标准。世纪高通作为中国领先的专业动态出行信息服务提供商，集成海量动态交通数据，运营开放数据平台，提供丰富的智能出行信息服务。

高德是中国领先的数字地图、导航和位置服务解决方案提供商。公司于 2002 年成立，2010 年登陆美国纳斯达克资本市场，高德具备国家甲级导航电子地图测绘和甲级航空摄影的"双甲"资质，其优质的电子地图数据库成为公司的核心竞争力。高德发布了2015 年中国百姓出行大数据报告，与北京、武汉等城市交通管理部门深入开展交通大数据合作。高德基于覆盖全国的、优质的导航电子地图数据库，通过 10 多年的发展，形成了汽车导航、政府和企业应用、互联网及移动互联网位置服务三大核心业务。

三、行业应用前景分析

自 2005 年智能交通领域快速发展以来，一直以"保障安全、提高效率、改善环境、节约能源"为目标受到政府部门的高度重视，许多技术都达到了国际领先水平。但是发展过程中的问题也日益凸显。从目前情况看，智能交通的潜在价值还没有得到有效挖掘，交通信息的感知和收集有限，对存在于各个管理系统中的海量数据无法共享运用、有效分析，对交通态势的研判预测乏力，对公众的交通信息服务很难满足需求。上述诸多现象体现出交通数据割裂、运营效率不高、智能化程度不够等问题，使得很多先进技术设备发挥不了应有的作用，也造成了大量投入上的资金浪费。2015 年，交通运输部办公厅发布《关于开展全国道路运政管理信息系统互联互通工作的通知》。从 2015 年 5 月起，全面启动各地运政系统建设和联网工作，在 2015 年度内全面实现全国道路运政基础数据的共享交换，基本实现运政业务跨区域、跨部门的业务协同，到 2016 年底，实现全国部、省、市、县四级运政系统业务的全面协调联动，为构建"省际联动、行业协同、资源共享、互联互通"的道路运输行业信息化体系奠定基础。在国家政策利好的支撑下，交通大数据产业的发展将会呈现快速、稳定的增长态势。

2011 年大数据技术的快速发展，为交通领域带来了破解难题的重大机遇，因为大数据技术可以将各种类型的交通数据进行有效整合，挖掘各种数据之间的联系，提供更及时的交通服务。但大数据技术能够体现自身的优势是建立在海量交通数据之上的，所以需通过大数据交易方式将多源交通数据汇集在一起才能显现其潜在价值。

随着交通系统信息化程度的加深，以及各种路侧和车载智能传感器的普及，大量数据包括公路、航空、铁路、航运等信息的数据得以产生并被存储下来，可在构建实时、准确、高效的综合交通运输管理系统时发挥巨大作用。交通基础设施的建设和运营涉及大量工程和多个环节，而大数据技术能够对海量信息进行分析，有助于提升交通运输效率、降低社会成本。在实时监控交通动态的基础上，利用大数据预测模型，可解决交通受行政区限制的问题、促进传统交通管理模式变革、合理配置交通资源、提升交通预测能力、创造数据交易价值。大数据在交通领域的行业应用前景广阔，具体有以下两个方面。

（1）高效检测和监测技术的应用。交通基础设施运行数据是数据源的重要组成部分。运行数据是设施运行过程中，通过检测和监测的手段获取的、反映设施运行状况的各种信息，是分析、评价设施运行状态的重要依据。传统的数据采集技术以人工为主，存在效率低、准确性和可靠性受人为因素影响较大的缺点，目前大量的快速检测和实时监测技术、设备涌现出来并得到应用，大大提高数据、信息采集效率，预处理技术更是减少了原始数据处理过程中的人为干预。例如，隧道机电设备监测系统，可实时监测隧道运营过程中风机、照明及防灾设备运行状况等。大量高效先进设备技术的应用，在提高管理效率的同时，必然带来基础设施相关数据的井喷式增长。由于基础设施使用寿命长（十几年至几十年），充分应用历史数据对于设施管理尤为重要，对历史数据的长期存储、积累和管理有更高的要求，相比传统的计算机技术，大数据时代的标志性技术——云技术，更能适应此类技术需求。

（2）全数据分析理念的推广。相比传统计算机技术，大数据技术（云计算）具有进行超大数据量数据信息分析的能力。其分析对象不再是样本而是总体，其解析数据库可无限扩大。例如，传统路面管理系统的数据库主要包含路面检测、养护维修等数据，而大数据分析下，可涵盖交通量、轴载量、环境温湿度，甚至可包含人们的出行、物流运输等一系列数据。数据分析理念也由结构化数据下的因果分析，转变为半结构或非结构化数据分析下的相关性分析。又如，采用大数据分析的资金计划管理，可不必具体了解某项设施的工程资金，而采用相关性分析得到某类设施未来资金投入对其性能产生的影响。

第二节　交通大数据应用案例分析

一、杭州交通大数据项目

由于地方交通越来越繁忙，机动车辆不断增加，杭州地方政府亟须对过往车辆进行有效监控管理，从而提供更好的交通服务。当地交通部门在市内重要检查点安装了上千台数字监控设备，7×24 小时不间断捕获图像和视频数据，每月数据量达 TB 级。

杭州市和杭州诚道科技有限公司合作，部署了基于英特尔大数据解决方案的城道重点车辆动态监管系统。通过集中的数据中心将全市卡口、电子警察、视频监控、流量检测设备、信号机、诱导设备等有效地连接起来，从交通案件侦破能力、交通警察对机动车辆的监管能力到利用关联车辆的数据分析能力，都得到极大提升。基于英特尔软硬件结合的大数据解决方案，海量图像和视频数据不但实现了高可靠性与高性能的存储，还能被大量的使用者快速访问和使用。

杭州交通已实现立体化，高铁、公交以及各类道路都密集分布在杭州以及周边，这种数据平台可以提供各类道路信息、施工作业信息、重特大事故信息、城市道路拥堵信息以及公交地铁变更信息。作为全国智能交通系统示范城市，杭州提出"1+3+4"工程，"1+3+4"工程是杭州智慧交通信息资源云平台的重点建设内容。其中"1"是指一个中心，即综合交通数据中心的建设；"3"是指三大平台，即通信网络平台、数据交换平台、T-GIS 交通地理信息平台的建设；"4"是指辅助决策、综合管理、出行服务、仿真评估四大应用系统的建设。该工程计划通过 5 年努力，初步建成统一的智能交通网络和数据中心，形成面向管理和服务的跨部门平台，并形成一批重点应用，全面提高杭州交通管理与服务的智能化水平。

二、贵阳"智慧公交"项目

2017年1月，滴滴出行公交事业部与贵阳市公共交通（集团）有限公司共同宣布展开深度战略合作。根据协议，双方将联合开发推进移动端"智慧公交"的服务产品"贵阳滴滴公交"APP，共同打造"智慧公交"运行体系。

"贵阳滴滴公交"APP是通过滴滴出行平台，向用户提供贵阳本地公交信息查询服务的产品，是一款"双百"的优质官方公交APP，"双百"指100%车次覆盖率和100%ETA（estimated time of arrival，预计到达时间）准确率，用户可实现更加合理的出行规划，缩短候车时间，降低候车焦虑，提升公交出行体验。贵阳交通正在变得越来越智慧，贵阳市交管局已建立起云计算中心、交通管控平台和交通大数据中心。公开数据显示，贵阳交通大数据孵化器开通截至2015年9月，对外开放包括车管、驾管、车辆实时卡口、道路状况、道路拥堵情况的数据达2000 GB。随着贵阳市各部门以及第三方之间实现数据共享，贵阳智慧交通正在迅速超车。

此外，双方还将建立"智慧公交"运行支持系统，为贵阳城市公交的整体运行与规划提供服务。依托滴滴出行对大体量、多种类、高速率的大数据处理能力及技术优势，双方将尝试通过应用大数据分析技术，提出针对公交企业管理、决策、服务等方面的优化方案，建立一整套依托于大数据技术的公交管理体系，提升贵阳市公共交通集团的精细化管理能力、科学决策能力和创新服务能力，提高公交运营资源使用效率，以最低的公交运营投入实现最优的公交服务。

城市实现智慧交通的同时也将为市民带来更多的服务与便利。从实时公交查询服务来看，"贵阳滴滴公交"APP可反映出公交车在地图上实时移动，展现轨迹路线，并结合自身大数据技术优势以及利用实时路况对车辆到站时间进行预估，到站时间预测能实现超过95%的准确率。准确的实时公交信息将提升公交服务水平，吸引市民选择公交作为优先出行方式，有效缓解城市道路交通压力，改善城市环境。

三、法国里昂大数据项目

法国是传统的工业大国和经济强国，在信息化战略的推动下，法国互联网经济发展迅速。伴随着互联网的普及和人工智能化水平的提高，法国大数据产业也逐步发展起来，已经渗透到社会经济生活的多个领域，影响着人们的生活和工作，甚至城市管理、公共管理等国家功能的实现都受到大数据的影响。

近些年来，法国政府意识到创新工程的重要意义，加大了信息系统基础设施的建设力度以及对数字创新领域的投资。在法国，智慧城市建设集中体现了大数据产业的发展水平和现状。法国政府在智慧城市建设方面投入了很大精力，引导诸多法国知名企业如法国电信、施耐德集团和达索集团等积极投身智慧城市的建设。

智慧城市建设以大数据技术的研究和利用为主要内容，这些知名企业纷纷设立专门的工作室与实验室从事智慧城市设计和研发。法国工业先锋施耐德集团作为"能效专家"，利用大数据有望成为大数据时代的绿色 IT 引领者，实现绿色节能。法国电信除了帮助客户应对大数据的挑战外，也在发掘大数据带来的价值，其开发的云计算方案在移动业务部门和公共服务领域都有运用。法国电信承建了一个法国高速公路数据监测项目，通过云计算系统可为行驶于高速公路上的车辆提供准确及时的道路信息，提高道路通畅率。

　　法国里昂市是法国重要的工商业重镇，由于经济发达，里昂的道路经常发生大规模堵车的现象，一堵就是好几个小时，极大地影响人们的出行和市政的规划。IBM 与当地政府进行合作，针对里昂的市政规划、道路格局等数据，开发了一款名为"决策支持系统优化器"的软件，专门用于解决里昂的交通问题。这个系统通过不间断的数据收集，能够实现实时的交通状况监控，预测哪一个时段哪条路段可能发生堵车，并提前做出预警。为了应对突发事件，为警车、救护车、消防车等特种车辆服务，"决策支持系统优化器"还能在最短的时间内找出一条最优线路，帮助用户快速到达目的地。这个系统极大地提高了里昂的交通流通效率，让当地人民赞不绝口。

第十四章

大数据+物流行业分析

第一节 物流大数据应用分析

一、行业市场需求分析

目前,国内物流大数据研究和应用刚刚起步,尚属新兴的研究领域,发展比较缓慢。从细分市场来看,电商物流、医药物流、冷链物流等都在尝试赶乘大数据这辆高速列车,但从实际应用情况来看,目前,电商物流凭借互联网平台具有一定的先发优势,菜鸟网络科技有限公司(以下简称"菜鸟网络")的横空出世更是给电商物流大数据行业带来了新希望、指明了新方向。

大数据在物流行业的应用,逐渐打破传统物流低层次、低效率、高成本的局面,物流行业逐渐演变成数字化要求极高的行业,大数据已渗透到物流的各个环节,未来物流行业对大数据的需求前景广阔。大数据的介入有助于解决物流行业现存的问题,主要体现在物流决策、物流客户管理及物流智能预警等过程中。

1. 大数据在物流决策中的应用

在物流决策中,大数据技术应用涉及竞争环境的分析与决策、物流的供给与需求匹配、物流资源的配置与优化等。

竞争环境的分析与决策方面,为了达到利益的最大化,需要与合适的物流或电商等企业合作,从而了解在某个区域或是在某个特殊时期应该选择的合作伙伴。

物流的供给与需求匹配方面,需要分析特定时期、特定区域的物流供给与需求情况,从而进行合理的配送管理。供需情况也需要采用大数据技术,从大量的半结构化网络数据,或企业已有的结构化数据,即二维表类型的数据中获得。

物流资源的配置与优化方面,主要涉及运输资源、存储资源等。物流市场有很强的动态性和随机性,需要实时分析市场变化情况,从海量的数据中提取当前的物流需求信息,同时对已配置和将要配置的资源进行优化,从而实现对物流资源的合理利用和结构优化,实现整体效益最大化。

2. 大数据在物流客户管理中的应用

大数据在物流客户管理中的应用主要表现在客户对物流服务的满意度分析、老客户的忠诚度分析、客户的需求分析、潜在客户分析、客户的评价与反馈分析等方面。

3. 大数据在物流智能预警中的应用

物流业务具有突发性、随机性、不均衡性等特点，通过大数据分析，可以有效了解消费者偏好、预判消费者的消费可能、提前做好货品调配、合理规划物流路线方案等，从而提高物流高峰期间物流的运送效率、提高客户体验的满意度、降低物流成本。

物流大数据可以划分为三类：第一是微观层面，包括运输、仓储、配送、包装、流通加工等数据的分类；第二是中观层面，就是供应链、采购物流、生产物流数据分类；第三是宏观层面，基于商品管理，把商品分成不同的类型做数据分析。其中微观层面及中观层面的数据一般掌握在物流企业内部，但此类数据尚未进行处理分析，成为物流大数据交易中最重要的、最基本的供应方；整合、处理、分析"源数据"得到的具有新价值的数据，即宏观层面，指导物流企业经营管理的各个方面。因此，未来物流大数据交易的主要需求为宏观层面。

二、行业竞争格局分析

大数据技术对物流行业最显著的影响是横向流程延拓、纵向流程压缩简化。从供需平衡角度出发，大数据技术为供方（物流企业）提供最大化的利润，为需方提供最佳的服务。其主要体现在以下两个方面：第一，提高运营管理效率。根据市场数据分析，合理规划分配资源，调整业务结构，确保每个业务均可盈利。第二，预测技术。根据消费者的消费偏好及习惯，预测消费者需求，将商品物流环节和客户的需求同步进行，并预计运输路线和配送路线，缓解运输高峰期的物流压力，提高客户的满意度，提高客户黏度。

目前，物流大数据交易模式采用利益交换的模式——用服务去换取管理，即各个利益主体通过交换的方式，一方将信息的管理权交给另一方，另一方将信息整合起来后形成服务给一方。以菜鸟网络为例，菜鸟网络以消费者、商家、物流企业的数据为依托，为商家、快递企业提供预警预测分析，帮助快递企业提前获取这些信息，从而提前把物流资源进行一定的配置和整合。

事实上，2014年大数据开始应用于快递物流行业。国内专业从事物流大数据的企业并不多，菜鸟网络与蜂网投资有限公司（以下简称"蜂网"）是典型的两家公司，不过许多企业对物流大数据行业充满热情，正在积极筹划与建设中。

菜鸟网络与蜂网均是2013年成立的，两家公司成立时间虽然仅相差几个月，但菜鸟网络凭借阿里巴巴多年数据积累的优势，在业内的话语权要比蜂网更大。

从目前发展的状况来看，菜鸟网络更加注重于物流大数据、仓储用地等，而蜂网则侧重于采购各种装备和材料。从实践成果来看，菜鸟网络经历了2013～2014年两次"双十一"天猫购物狂欢节的检验，其预警雷达预测准确率高达95%以上，为缓解"双十一"物流压力做出的贡献有目共睹；相比而言，蜂网似乎低调许多，其推动的智慧快递、物联网和云计算虽然与菜鸟网络的智慧物流如出一辙，但成果并不明显，大众的认知度也比较低。从发展成熟度来讲，菜鸟网络凭借数亿淘宝买家及合作物流企业，可以整合消费者、商家和物流公司数据，且正在计划加入交通综合体系，发展的成熟度较高，可为物流企业提供预警、规划运输线路、指导企业优化、选择和整合供应链资源等服务；而蜂网刚刚起步，处于雏形阶段，许多方面尚不成熟。如果说蜂网成功地走出了一步，那么菜鸟网络则是迈出了一大步。

此外，许多企业对物流大数据行业表现出浓厚的兴趣，正在规划建设中。2014 年 8 月，浪潮集团与交通运输公路科学院签署《现代物流大数据应用实验室共建协议》，实验室将交通部提供的数据与浪潮集团相对成熟的大数据技术和设备结合在一起，不断拓展合作的广度和深度，充分挖掘交通物流大数据，提高交通运输行业智能化程度。2015 年 7 月，中国第一物流大数据平台"第 e 物流"诞生，"第 e 物流"决心建设基于大数据运用、面向社会公众的物流企业评价平台（第 e 征信），并进而构建互联网金融（第 e 金融）、装备商城（第 e 商城）、无车承运（第 e 运力）、仓储设施 O2O 社区服务（第 e 地图）四大核心功能。图吧集团获得四维 3 亿战略投资资金，并计划投资整合后，升级其产品服务体系，凭借其在物流行业信息化建设中积累的多年经验，为企业提供网点分布式管理、车辆监控、轨迹定位、线路规划、车辆运营管理等，能够为各行各业的物流管理提供一整套完整成熟的 GIS 解决方案。

三、行业应用前景分析

随着大数据时代的到来，大数据技术可以通过构建数据中心，挖掘出隐藏在数据背后的信息价值，从而为企业提供有益的帮助，为企业带来利润。面对海量数据，物流企业在不断增加大数据方面投入的同时，不该仅仅把大数据看作一种数据挖掘、数据分析的信息技术，而应该把大数据看作一项战略资源，充分发挥大数据给物流企业带来的发展优势，在战略规划、商业模式和人力资本等方面做出全方位的部署。未来大数据或将成为物流企业的强力助手。作为一种新兴的技术，它给物流企业带来了机遇，合理地运用大数据技术，将对物流企业的管理与决策、客户关系维护、资源配置等方面起到积极的作用。

所谓物流的大数据，即运输、仓储、搬运装卸、包装及流通加工等物流环节中涉及的数据、信息等。通过大数据分析可以提高运输与配送效率、减少物流成本、更有效地满足客户服务要求。将所有货物流通的数据、物流快递公司、供求双方有效结合，形成一个巨大的即时信息平台，从而实现快速、高效、经济的物流。信息平台不是简单地为企业客户的物流活动提供管理服务，而是通过对企业客户所处供应链的整个系统或行业物流的整个系统进行详细分析后，提出具有中观指导意义的解决方案。许多专业从事物流数据信息平台的企业形成了物流大数据行业。

自 2010 年，国家已陆续出台相关的产业规划和政策，从不同侧面推动大数据产业的发展。2011 年工业和信息化部推出的《物联网"十二五"发展规划》将"信息处理技术"列为四项关键技术创新工程之一，包括海量数据存储、数据挖掘、图像视频智能分析，另外三项关键技术创新工程，包括信息感知技术、信息传输技术、信息安全技术，也是大数据产业的重要组成部分，与大数据产业发展密切相关。2013 年发布的《交通运输部关于交通运输推进物流业健康发展的指导意见》指出，加快推进交通运输物流公共信息平台建设，完善平台基础交换网络，加快推进跨区域、跨行业平台之间的有效对接，实现铁路、公路、水路、民航信息的互联互通。加快完善铁路、公路、水路、民航、邮政等行业信息系统，推进互联互通，增强一体化服务能力。鼓励企业加快推进信息化建设。2014年商务部流通业发展司发布的《第三方信息服务平台建设案例指引》，对第三方物流信息服务平台的指导思想、基本原则、建设类型、建设标准、保障措施与考核要求等进行了具体说明，并收录了目前国内经营模式较为先进、取得较好经济社会效益的第三方物流信息平台建设案例。此外，交通运输部编制的物流发展"十三五"规划，其中统筹谋划现代物流发展，指出要发展智慧物流，适时研究制订"互联网"货物与物流行动计划，深入推进移动互联网、大数据、云计算等新一代信息技术的应用；强化公共物流信息平台建设，完善平台服务功能。

大数据或将成为物流企业的强力助手。作为一种新兴的技术，它给物流企业带来了机遇，合理地运用大数据技术，将对物流企业的管理与决策、客户关系维护、资源配置等方面起到积极的作用。

第二节 物流大数据应用案例分析

一、义乌快递大数据项目

2016年10月，在第22届中国义乌国际小商品博览会开幕式上，全国首个快递大数据服务地方经济项目——义乌市快递数据实时分析系统正式上线，该系统由义乌市政府委托国家邮政局邮政业安全中心开发，是行业管理部门与地方政府在快递大数据领域的首度合作，将为当地新经济发展发挥重要作用。

为及时准确了解快递实时数据，进一步分析小商品销售情况，义乌市委市政府于2015年底主动与国家邮政局、浙江省邮政管理局对接义乌市快递实时数据展示事宜。国家邮政局高度重视、大力支持，专门组织专家队伍，并安排专业人员与义乌市相关部门进行对接，确保快递数据实时分析系统在义乌顺利上线运行。该系统是在国家邮政局邮政业安全中心大数据平台的基础上定制开发集成的信息系统，结合全国快递业数据，实时分析、直观展示义乌快递行业的发展实况，同时反映出该市电子商务的发展情况。

快递是经济的晴雨表和消费的风向标，具有推动流通方式转型和促进消费升级的作用。通过该系统，可以实现对义乌快件业务量、义乌流向全国各省（区、市）快件量、各省（区、市）流向义乌快件量、义乌与全国业务量排名前50的城市快件流量等实时数据以及义乌快件揽收72小时趋势图、义乌快递累计业务量图的展示等功能。结合动态的地图、动画和趋势图，可以生动地展示义乌快递的揽收、投递总量及其发展速度，多方位立体式反映义乌快递的发展实况和未来趋势，服务当地经济社会发展。

二、品骏快递大数据项目

品骏控股有限公司（以下简称"品骏快递"）成立于 2013 年 12 月 9 日，面向国内外企业及个人提供高端物流配送一体化服务。脱胎于唯品会的品骏快递，作为中国三大全直营快递企业之一，已经在仓储、运输节点、车辆、末端、包裹等环节加大物联网技术的研发和应用，实现物流要素的数字化、智能化，全力支撑各电商平台大促。

2014 年以来，物流服务加快了自动化的升级，自动化设备涵盖商品库存管理、商品分拣、包裹分拣、配送等各个作业环节。为满足不断变化的业务需求，积极探索输送系统、Miniload 集货系统、商品分拣系统、包裹分拣系统、蜂巢式 4.0 立体仓系统、智能 AGV 搬运机器人系统、魔方密集存储系统等新项目。

在每年电商年底大促中，品骏快递智慧物流以货品为中心，应用物流供应链人工智能技术，根据以往销售大数据从需求预测到自动备货，从智慧调拨到优化发货，提高整体物流供应链效率，提升用户体验。品骏快递根据会员行为预测，预调拨商品到前置仓，实现"订单未下，货已在途"；根据商品销量预测，自动采购分仓备货，实现"好货爆品，都已在库"；根据订单流量预测，动态调度仓内人工和自动化设备，实现"任务未到，人机就位"。

此前，品骏快递西南物流中心建成全球最大蜂巢全自动集货缓存系统，华北物流中心成功上线机器人全自动集货缓存系统，整个集货环节实现无人化作业，大规模提升集货效率。同时，品骏快递在广州市花都区建成广州航空中转场，面积约 2500 平方米，覆盖华南区域内的进出港货量操作，2018 年每天吞吐量可高达近 150 吨。

三、顺丰数据灯塔大数据项目

顺丰速运有限公司（以下简称"顺丰"）成立于 1993 年 3 月，是一家主要经营国际、国内快递业务的港资快递企业。公司在大中华地区建立了庞大的信息采集、市场开发、物流配送、快件收派等业务机构，建立服务客户的全国性网络。公司的物流大数据资源丰富，不仅是一家高科技物流企业，更是一家大数据公司，利用大数据技术提升公司的管理和运营效率。

2016 年顺丰推出第一款物流行业大数据产品服务——数据灯塔。该产品融合顺丰内外部海量数据，提供全面、精准、专业的行业、用户、品牌、产品、快递和仓储等分析，可为商家拓展电商生意提供决策支持。数据灯塔以智慧物流和智慧商业为主旨，作为顺丰在快递服务之外推出的首款数据增值服务，为企业更加精准地开拓市场提供更专业的解决方案。大数据资源的开发和利用可以促进快递企业转型升级，由同质化竞争向差异化竞争转型，由注重单一的快递服务向注重客户体验服务转型。

顺丰拥有 20 余年物流领域积累的海量大数据及外部公开平台数据，如覆盖全国 3000 多个城市和地区的楼盘、社区信息，海量的电商数据、社交媒体数据、专业门户网站等。因此，顺丰数据灯塔可进行基于大数据的多维度深层次专业分析，以及集快递实时直播、监控快件状态、预警分析、仓储分析、消费者画像研究、同行分析、供应链分析、智慧商圈、智慧云仓、促销作战室等分析功能于一体，为企业生意发展提供专业解决方案，成为赋能客户实现智慧物流、智慧商业的大数据产品。在强大的数据量和分析服务能力上，数据灯塔主要为客户解决的痛点和价值包括以下几方面。

（1）实现物流全流程实时监控：市场上还没有一款产品可帮助客户解决快递全流程实时监控痛点，且难以协同实现仓储收、发、存数据并行分析管理。面对当前激烈的市场竞争，客户渴望通过提升物流服务水平、控制物流成本，最终实现智能管控。

（2）掌握全面多维的商业决策数据：市场上各类商机信息呈现多维度、多渠道且散落的状态，是否能充分掌握同行、供应链上下游、消费者等全方位的有效市场动态情况成为客户困扰的痛点。

（3）定制个性化解决方案服务：每个企业客户都有着其独特的经营特色，对大数据服务的需求也呈现多样化、个性化特征，要实现个性化定制服务方案的真正落地实施，需打通全链路资源，这往往让客户很头痛。

数据灯塔基于顺丰多年的内部物流数据积累，在融合外部数据的基础上，通过核心算法创新，现已逐步升级为企业客户商海领航的明灯。通过数据灯塔，客户不仅可以看到自身快递及仓配数据的订单级全生命周期分析，实现物流实时监控，也可以通过洞察行业对手、精准定位消费者，全方位掌握市场动态，还可实现解决方案的个性化定制，达到营销策略闭环落地，在商海中真正做到智能决策。

从数据灯塔近几年的发展历程可以看出，其借着大数据发展之风乘势而为，成效显著。2015 年 6 月，数据灯塔手机行业正式上线，功能涵盖行业、用户、产品、品牌、快递、仓储六大分析模块，随后 8 月、9 月，女装、男装、鞋靴行业上线；到 2016 年 4 月，数据灯塔已覆盖手机、女装、男装、鞋靴、美妆、母婴、箱包、家用电器、家居用品、运动户外、休闲零食、生鲜 12 个行业。

数据灯塔的企业用户可以直接登录数据灯塔门户，轻松获取相关的数据分析在线服务，也可方便其了解数据灯塔功能架构："首页"，基于物流实时数据，提供物流看板及常见功能的聚合入口；"我的分析"，对用户自身的物流情况进行实时和汇总的分析；"我与行业"，通过对同行、消费者、供应链等维度的分析，帮助用户优化物流、拓展生意；"定制工具"，包括自助取数、智慧云仓、作战大屏等定制化数据应用及展现工具；"帮助中心"，包括产品的功能引导、数据答疑解惑等内容。

四、菜鸟网络大数据项目

菜鸟网络成立于 2013 年 5 月，由阿里巴巴集团、银泰集团联合复星集团、富春集团、顺丰、三通一达（申通、圆通、中通、韵达），在深圳联合成立。希望在 5～8 年的时间，努力打造遍布全国的开放式、社会化物流基础设施，建立一张能支撑日均 300 亿元（年度约 10 万亿元）网络零售额的智能骨干网络。据中国电子商务研究中心监测数据，除了校园菜鸟驿站，2018 年全国有 2 万多个菜鸟驿站，提供"最后一公里"综合物流生活服务。

　　菜鸟网络布局包括天网、地网和人网。天网就是数据平台，通过跟商家和物流公司、消费者数据对接，将数据全部整合进去之后，实现物流供应链的优化。地网是这套系统线下的承载实体，就是仓储和物流园。人网是神经末端，如菜鸟网络和便利店合作的菜鸟驿站，解决末端配送压力的问题。

　　在国际业务方面，菜鸟网络更多的是利用大数据的分析，在海外商家和消费者集中的国家与地区建立一个海外仓网络，并利用当地的社会化物流资源做首公里/末公里的提货或配送；2018 年在港台地区可以提供近 8000 个自提点，在美国/欧洲/澳洲已经建立和在建多个海外仓，并开始与当地市场上的主流快递公司合作提供揽收和宅配服务。

　　菜鸟网络实际上是阿里巴巴线下经济实体，协同生态圈内的 14 家主流快递公司，数据共享、资源互联，充分利用大数据，预警雷达再次升级，旨在通过大数据的精准预测来引导商家备仓发货，合作快递企业在"双十一"期间提前安排重点线路、分拨中心、网点的揽派情况，调配人力物力等各种资源。同时，菜鸟网络提供的电子面单平台有效帮助商家在"双十一"期间提高发货效率、降低操作成本。

第十五章

大数据 + 电商行业分析

第一节 电商大数据应用分析

一、行业市场需求分析

随着互联网、云计算和物联网的迅速发展，无所不在的移动设备、RFID、无线传感器每分每秒都在产生数据，数以亿计的用户的互联网服务时时刻刻都在产生巨量的交互数据信息。基于这些，电子商务产业所产生的大量结构化和半结构化的可视化数据，通过数据挖掘和数据分析等手段，经过过程性和综合性的考量，从而帮助电商企业做全局性、系统性的决策，寻找最优化的解决方案和运营决策，这被称为电商大数据。

在国家信息网络战略实施、几大移动运营商快速发展、各大电商网络平台百花齐放的大背景下，年轻消费群体购买力突飞猛进，网上零售市场份额不断提升，网购渗透率正逐年增加。到2016年，我国网上零售额突破5万亿元，占社会消费品零售总额的14.9%，网购用户渗透率达到64.0%，大数据时代对电子商务企业的发展变革起到了重要的推进作用。与传统线下零售渠道相比，线上电子商务企业拥有更加庞大的数据量，包括所有用户的商品浏览记录、购物消费记录以及用户的评价、产品交易量、库存量等信息，企业能够通过云计算、数据仓库技术等方式对电商行为数据进行采集，通过多维度的挖掘进行信息的有效整合，从而更好地支撑企业的运营决策。电商大数据的需求主要有以下几个方面。

1. 如何在大量数据中甄别、收集真实有用的信息

大数据从来都不是免费的午餐，大数据纷繁多样、优劣混杂，给电商对数据的收集处理带来了巨大挑战。伴随着大数据热潮的到来，关于大数据的一些新问题层出不穷，如其中夹杂着虚假信息，真实有用的信息不多，虚假信息会破坏核心信息。因此收集过程对数据进行甄别，确保数据质量是电商不可忽略的关键问题。面对潮水般的数据，如果不加以筛选、甄别，就难以保证数据的完整性与客观性，在此基础上的数据分析与整合必然也会错漏百出，失去了其使用价值。

2. 如何分析和加工海量数据

据统计，82%的电商正受到处理海量信息的挑战，而且它们花很多时间对其进行研究，89%的电商因超负荷处理数据而失去过销售机会，仅仅坐拥大数据并不够，对大数

据的分析和挖掘能力已成为电商的核心竞争力，这表明大数据的关键并不在于数据原料的多少，而在于数据加工能力，这才能使大数据产生真正的价值。目前政府信息的公开性不够，开放的、公共的社会网络环境还未形成，权威、可信的第三方数据统计机构缺位，使得很多数据难以获得，影响大数据的完整性和综合性。电商在期待环境改善的同时，唯有尽可能地充分应用社交网站等网络媒体，以合作、购买等方式获得广泛的外部数据，并使之与企业内部运营数据互联互通，以扩大数据采集量，强化多源数据的彼此关联与印证，同时，严格筛选把控数据的质量，为大数据分析打下较好的基础。

3. 如何活用大数据

多年来，企业运营数据更多是建立在直觉的判断和分析基础之上。在大数据时代，到处都充斥着碎片化的数据，没有清晰的思路，无从下手，迷失在海量的数据中成为企业面临大数据时代的核心短板。目前，国内诸多电商都在盲目地进行大数据投资，收集越来越多的数据，但这些数据大都是单纯存储在数据库中，没有进行有效的分析和使用，把这些数据激活成为电商企业运营的关键。要活用大数据，电商数据运营者要看出这些数据本身的局限：一方面，企业的数据为用户体验改善了什么；另一方面，企业在使用数据时，解决了什么问题或者拓展了什么商机。如果电商企业能够基于场景和相关的"活"数据将数据应用发挥出最大价值，那么新的商业模式就会成为可能；如果没有找出相关问题的解决方法，企业就会错失发展良机。

4. 数据安全与隐私问题

一方面，大量的数据汇集，包括大量的企业运营数据、客户信息、个人的隐私和各种行为的细节记录，其面临的数据泄露风险将会增大，电商企业既要防止数据在云上丢掉，也要防止数据在端上被窃取和篡改。另一方面，一些敏感数据的所有权和使用权还没有明确的界定，很多基于大数据的分析都未考虑到其中涉及的个体的隐私问题。

二、行业竞争格局分析

与一般的制造业或服务业企业不同，电商大数据产业的数据来源日益多样化且信息数量时时刻刻都在海量增长。特别是近年来中国电子商务发展迅速，有过电子交易经验的网民数量已经高达数亿，海量购物产生海量的数据，并给电子支付、快递物流以及其他各方面的产业发展都带来巨大的影响。中国正日益形成以电子商务平台为中心、以电子商务应用和电子商务服务业为基础的电子商务经济体系，这些都正在为整个社会特别是电商大数据产业带来海量的信息。

具体来说，电商大数据主要包括以下三个方面的来源。

第一，企业内部的经营交易信息，物联网世界中商品、物流信息，互联网世界中人与人交互信息、位置信息是大数据的三个主要来源。其信息量远远超越现有企业 IT 架构和基础设施的承载能力，其实时性要求则大大超越现有的计算能力。

第二，企业内部的信息主要包括联机交易数据和联机分析数据。就数据本身的格式来讲，是结构化的，通过关系型数据进行管理和访问。这些数据价值密度高，但都是历史的、静态的数据，通过对这些数据的分析，我们只能知道过去发生了什么，很难说未来将发生什么。

第三，来自社交网站，如新浪微博、微信等的数据，是大量的、鲜活的，代表了一个个具体网民的想法，反映了他们想做的事情。这些数据价值密度低，但事关未来。

在中国，阿里巴巴、百度、腾讯、京东是拥有稳定、丰富数据源的公司，尽管各有特色，但目前中国各大电商巨头对大数据的利用特点集中在如下几个方面。

1. 以云技术为基础核心

云技术，基于网络技术的应用云计算的商业模式，将信息技术、管理平台技术、应用技术进行整合，形成浩瀚的资源池，灵活方便地按需使用。

2. 致力于精准策划和精准营销

有效策划和营销始终是电商企业追求利益最大化的手段。大数据时代下，比以往更进一步，精准策划和精准营销成为可能。

3. 提升用户体验

作为核心服务理念，提升用户体验及产品服务认可度是各大电商牢牢抓紧的救命稻草，谁能从用户口碑中脱颖而出，谁就占据了市场。对大数据的分析，自然也少不了围绕用户购物感受做文章。

4. 数据服务成为电商发展趋势

当阿里巴巴、百度、腾讯等海量数据的拥有者在面对数据挖掘带来的巨大财富时，数据服务已逐步成为中国电商的发展趋势，出售数据和相关服务成为新的利益增长点。

三、行业应用前景分析

电子商务是降低成本、提高效率、拓展市场和创新经营模式的有效手段，是满足和提升消费需求、提高产业和资源的组织化程度、转变经济发展方式的重要途径，对于优化产业结构、支撑战略性新兴产业发展和形成新的经济增长点具有重要作用。2012 年以来，科学技术部、国家发展和改革委员会、工业和信息化部等部委在科技和产业化专项陆续支持了一批大数据相关项目，在推进技术研发方面取得了积极效果，《电子商务"十二五"发展规划》《工业和信息化部关于推进物流信息化工作的指导意见》等相关政策无不在鼓励电商大数据的快速发展。

1. 强化数据化导购

由于大数据时代方便了人们的生活，忠实地记录了人们在日常交易活动中的多种信息，因此电商企业在革新服务模式时可以充分地利用大数据技术进行数据化导购。互联网的便利为数据化导购的发展应用提供了良好的机遇，人们在网页浏览的记录、购买历史与消费习惯在网络数据信息中一应俱全，而电商企业在发展过程中所要做的就是利用大数据进行个性化导购的政策推行。目前所出现的个性化导购方式主要有两种：首先是个性化广告。它指的是当用户在进行网页浏览的同时，数据信息库会自动地调查用户的消费习惯与购买记录，并在相关页面向用户推荐同类型的产品。其次是个性化推荐。它指的是，向消费者展示出大量繁多的种类信息，要求消费者进行自主性的比较分析，最后做出自己的选择。相对而言，第二个导购方式容易造成用户心理上的不适，这就要求网站不断提高后台信息数据的处理能力，以最大限度地降低用户的不良体验。

2. 建立垂直细分服务模式

针对大数据的电子商务在行业垂直应用整合方面的问题，电商企业在市场活动中应当根据自身发展特点与市场供需要求建立起垂直细分品牌的电子商务服务模式。当前由于国内一些比较大型的购物平台基本上已经占领市场的大部分份额，其他中小型电商要想在激烈的市场竞争中脱颖而出，就必须从细节上入手，建立起专属于自己的在某一方面、某一领域的专业性营销策略，走精品化发展道路。垂直细分品牌型电子商务服务模式的优势和特点还集中表现在，细分品牌型的电子商务贸易网站一般运营规模较小、成本较低，电商企业所面临的经济风险也就相对而言比较低，这就让电商企业可以针对性地根据消费者的消费需求和心理诉求进行深入的发掘与分析，以找准自身营销所要针对的特定客户群体，从而为他们提供专业性质的产品营销与服务。这说明，垂直细分型的品牌电子商务服务模式不仅能够着眼市场上某个细节上的领域空白，制造商机，同时还有利于电商在发展壮大过程中不断完善自身的服务水平和营销理念。

3. 强化数据服务模式

大数据时代的数据信息是经济活动赖以进行的基础与核心，要想及时准确地了解最新市场信息，就必须掌握第一手资料数据。对营销过程中所得到的顾客的重要数据信息进行整合处理，通过对数据信息进行进一步的研究和解读，而得出顾客的消费习惯、消费诉求、消费建议等一系列的宝贵信息。在此基础上电商平台再通过所得到的数据信息充分发展自身电商贸易所具有的优势特点，将大量的数据信息进行产品化的系统营销，将其提供给有相关需求的企业，进而开拓出一种新型的以数据服务模式为基准的电子商务服务模式。

第二节　电商大数据应用案例分析

一、阿里巴巴数据集市

阿里巴巴 B2B（business-to-business，电子商务中企业对企业的交易方式）出身，在外贸蓬勃发展的大环境下，依靠服务中小企业获得发展。直到淘宝、支付宝以及天猫三个产品出现后，对海量用户并发交易、海量货架数据的管理、安全性等方面的严苛要求，使得阿里巴巴完成进化，在电商技术上取得不菲的成绩，阿里巴巴手里掌握了大量数据。

阿里巴巴通过对旗下的淘宝、天猫、阿里云、支付宝、万网等业务平台进行资源整合，形成了强大的电子商务客户群及消费者行为的全产业链信息，造就了独一无二的数据处理能力，这是目前其他电子商务公司无法模仿与跟随的。同时，也将电子商务的竞争从简单的价格战上升了一个层次，形成了差异化竞争。目前，淘宝已形成的数据平台产品，包括"数据魔方"、量子恒道、超级分析、金牌统计、云镜数据等 100 余款，功能包括店铺基础经营分析、商品分析、营销效果分析、买家分析、订单分析、供应链分析、行业分析、财务分析和预测分析等。

大数据浪潮袭来，阿里巴巴提出"数据、金融和平台"战略，前所未有地重视起对数据的收集、挖掘和共享。阿里巴巴前 CEO 陆兆禧曾做过 CDO（chief data officer，首席数据官），为了用数据来驱动阿里巴巴电商帝国，阿里巴巴还成立了横跨各大事业部的"数据委员会"。阿里巴巴的各项投资案也显示其整合、利用和完善数据的野心：新浪微博的社交及媒体数据、高德的地图数据和线下数据以及友盟的移动应用数据，都是其数据及平台战略的一部分，数据战略正在阿里巴巴体系中逐步落地，另外阿里云为其提供基础设施、基础技术支撑。

马云对大数据有自己的理解和考量，马云曾经说过其对大数据的思考：现在从信息时代进入数据时代，区别是信息时代更多的是精英玩的游戏，我比别人聪明，我能提取出信息出来，数据时代，别人比我聪明，将数据开放给更聪明的人处理，数据即资产，分析即服务。计算机发展的过程是从象牙塔到平民到草根，大数据也是这样，一开始在象牙塔阶段，少数精英公司才能玩；但到后面只要有数据就有价值。数据也有所有权，产生数据、流通数据、挖掘数据都会获得相应的价值，而阿里巴巴擅长的便是建立市场，建立一个数据交易市场，届时任何个人和企业都可以将数据与挖掘服务拿上去交易。

阿里巴巴并不是技术驱动，而是业务驱动的，因此在技术层面我们看到，基于前面提到的阿里大数据思路，其技术重心主要在系统层面。阿里巴巴拥有 LVS（Linux Virtual Server，Linux 虚拟服务器）开源软件创始人章文嵩，Linux Kernal 等领域的人才。从人才布局可以看出，阿里巴巴擅长的技术领域体现在对于并发访问、电信级别的电商业务的支撑方面。

总体来看，阿里巴巴更多是在搭建数据的流通、收集和分享的底层架构，自己并不擅长似乎也不会着重来做数据挖掘的活，而是将自己擅长的"交易"生意扩展到数据，让天下没有难做的"数据生意"。

二、腾讯社交大数据

1999 年腾讯公司刚刚成立不久，天使投资人刘晓松决定向其注资的一个主要原因就是，他发现当时虽然腾讯还很小，但已经有用户运营的理念，后台对于用户的每一个动作都有记录和分析。此后腾讯的产品生产及运营、腾讯游戏的崛起都离不开对数据的重视。

腾讯拥有社交大数据，在企鹅帝国完成数据的制造、流通、消费和挖掘。腾讯大数据目前释放价值更多的是改进产品，据腾讯 2014 年 Q1 财报，增值服务占总收入的78.7%，电子商务业务占 14.1%，网络广告收入占 6.3%，从广告收入比例可以看出腾讯的大数据在精准营销领域暂时还未大量释放出价值，与其产品线对应的 GMAIL 以及社交巨头 Facebook 则通过广告赚得盆满钵满。

腾讯的思路主要是补齐产品，注重 Qzone、微信、电商等后端数据融合。例如，腾讯微博利用"大数据技术"实现好友关系自动分组、低质量信息自动过滤、优质信息分类阅读等智能化功能，明显是用数据改进产品的思路。数据已经准备好了，就差模式，也就是找到需求或者能更深层次驱动大数据利用的产品，而不是用大数据改进自己的产品。

在人才方面，腾讯很早便开始重金挖人。尤其是 2010 年在谷歌宣布退出中国后，谷歌图片搜索创始人朱会灿、谷歌中国工程研究院副院长颜伟鹏、谷歌中日韩文搜索算法的主要设计者——《浪潮之巅》及《数学之美》作者吴军相继加入腾讯。另外腾讯在高校合作方面领先一步，在 2010 年便与清华大学合作成立了清华腾讯联合实验室。

总体来看，腾讯目前的大数据策略是先将产品补全，产品后台数据打通，形成稳定生态圈，现阶段先利用大数据挖掘改进自己的产品，后期有成熟的模式、合适的产品时，则利用自家的社交及关系数据开展对大数据的进一步挖掘。

三、百度大数据项目

搜索巨头百度围绕数据而生，它对网页数据的爬取、网页内容的组织和解析，通过语义分析对搜索需求的精准理解进而从海量数据中找准结果，以及提供精准搜索引擎关键字广告，实质上就是一个数据的获取、组织、分析和挖掘的过程。除了网页外，百度还通过阿拉丁计划吸收第三方数据，通过业务手段与国家药品监督管理局等部门合作拿到封闭的数据。尽管百度拥有核心技术和数据矿山，却还没有发挥出最大潜力。百度指数、百度统计等产品算是对数据挖掘的一些初级应用，与谷歌相比，百度在社交数据、实时数据的收集和由数据流通到数据挖掘的转换上有很大潜力，还有很多事情要做。

百度已向企业提供更多的数据和数据服务，如百度与宝洁、中国平安等公司合作，为其提供消费者行为分析和挖掘服务，通过数据结论指导企业推出产品，是一种典型的基于大数据的 C2B（customer to business，电子商务中消费者对企业的交易方式）。与此类似的还有 Netflix 的《纸牌屋》美剧，该剧的男主角凯文·史派西和导演大卫·芬奇都是通过对网络数据挖掘之后，根据受欢迎情况选中的。

百度还会利用大数据完成移动互联网进化，核心攻关技术便是深度学习。基于大数据的机器学习将改善多媒体搜索效果和智能搜索，如语音搜索、视觉搜索和自然语言搜索，这将催生移动互联网革命性产品的出现。

在数据收集方面，百度需要聚合更多高价值的交易、社交和实时数据。例如，加强百度贴吧、百度知道的社交能力、尽快让地图服务与 O2O 结合进而掌握交易数据，以及推进移动 APP、穿戴式设备等数据收集系统。

在数据处理技术上，百度成立深度学习研究院加强自己在人工智能领域的探索，在多媒体和中文自然语言处理领域已经有一些进展，云存储、云计算的基础设施建设也在逐步完善。但深度学习仍然是一个巨大的挑战，百度等探索者还有很多待解问题，如无监督式学习、立体图像识别。

在数据变现方面，百度需将数据挖掘能力、数据内容聚合和提取等形成标准化的服务与产品，进而开拓大数据领域的企业和开发者市场，而不仅仅是颇为个性化、定制化地为大型企业提供解决方案。

百度的优势体现在海量的数据、沉淀 10 多年的用户行为数据、自然语言处理能力和深度学习领域的前沿研究。在技术人才方面百度是聚集国内最多大数据相关领域顶尖人才的公司，百度曾花 5000 万元聘请数据挖掘、自然语言处理、深度学习领域的十来位资源专家，包括一些学者和教授。例如 Facebook 科学家徐伟。

总体来看，百度拥有大数据也具备大数据挖掘的能力，并且正在进行积极的准备和探索。在加强面向未来的研究和人才布局的同时，百度也注重实用性的技术产出。

四、唯品会大数据项目

唯品会要做的不仅仅是优化用户的体验，更是主动为用户创造意想不到的需求，让用户感叹："这就是我想要的。"这种俘获用户的力量很强大，也难以被别家所复制抄袭。唯品会在亮丽财报的背后，尤其是移动端发力的背后，有个看不见的巨大支撑力，就是大数据。具体而言，有以下三点。

其一，以大数据为依托，发力场景电商。唯品会的场景化是不设搜索，通过上百余种用户属性、几十万余个关键词来给出用户画像，包括年龄、地域和浏览行为，购物车物品，所购物品等，直接精准地呈现给用户，给用户带来逛街式购物体验，这也是唯品会与其他电商的区别，是唯品会在移动电商风口上的决战之术。

其二，依托大数据，在具体举措中洞悉用户需求，如"千人千面"，获得用户 G 点。唯品会在移动端用户体验上不断优化，对移动产品进行"深度化"跃进和创新，包括持续细分移动端类目、增强与会员的互动、推出超级品牌日。唯品会甚至在美国硅谷成立海外研发中心，借用硅谷在移动端及数据挖掘领域的精英人才，提升唯品会在大数据领域的技术能力，并和硅谷合作开发包括人工智能、VR（virtual reality，虚拟现实）等技术及在电商上面的应用，进一步提高用户体验。

其三，用技术变革给电商行业带来科技创新，主动为用户创造自己想不到的需求，如虚拟试衣服，实用接地气，调动了用户在这个"求新求变"时代的敏感购物神经。一方面，用户从网上购物的时候有一种"穿上去"的真正体验感；另一方面，可以让用户感觉到所买衣服的质感。

目前，唯品会已经用人工智能对每天收发的图片进行分析和监控，通过持续创新图像识别、"千人千面"等个性化技术的研发及运用，贴合用户的扁平化真实的使用需求。例如，根据用户的浏览习惯推荐更适合用户的个性化页面、图片，最终带给用户个性化的场景化惊喜购物体验。数据最会说话，据了解，唯品会超过15%的业务增量得益于大数据挖掘举措。

大数据对于现代企业来说，是起着导航的作用的，它能给公司指引方向，使得公司知道客户的下一个需求是什么，并据此做出计划，在生产过程中及时调整。用一个民间的比喻。在网络和社交媒体时代，大数据是"算命师"，是发动机，是让用户不断转化的平台。关注数据，就是关注客户的需求。掌握数据，就能"算"出客户的下一个需求。用大数据这个"算命师"算出客户的需求，并由此制订精准的营销计划，将提供更好的服务给消费者。

第十六章

中国大数据产业发展前景及趋势

第一节 中国大数据产业发展前景

一、大数据市场应用潜力分析

大数据技术指的是人与物体通过计算机这一第三方媒介将二者之间的数据进行交互上传，而计算机将上传到网络中的数据进行归类、融合与处理的新型信息处理技术，大数据技术的悄然兴起极大地冲击了现有的 IT 架构，也给计算机网络技术的创新发展带来重大机遇。为了充分发挥大数据技术在网络信息中的作用与价值，网络技术人员应当积极探索大数据技术的运行规律，研究其基础理论与基本方法，在掌握其发展现状的基础上积极展望未来发展趋势。大数据技术应用潜力可以分为以下三个方面。

1. 数据的资源化

大数据技术中蕴含着丰富的数据信息资源，它们的科学有效应用能够切实为社会带来巨大的经济产值，产生更多经济收益。因此，要利用好信息资源就要进一步开放研究大数据技术。信息资源的有效应用离不开先进的数据技术和信息化思维，网络技术人员应当将传统信息资源开发管理方法与大数据技术有机地结合起来，通过将不同数据集进行重组和整合，发挥传统数据集所不具有的新功能，从而为社会或企业创造出更多的价值。而掌握了数据资源处理技术的企业，在未来还能够通过将数据使用权进行出租或者转让等方式获取巨大的经济收益。

2. 科技的交叉融合

大数据技术的发展不仅能够将网络计算中心、移动网络技术和物联网、云计算等新型尖端网络技术充分地融合成一体，促进不同科学技术的交叉融合，同时还能够促进多学科的交叉融合，充分发挥出交叉学科和边缘学科在新时代的新功能与效用。大数据技术的长足进步与发展既要求工程技术人员立足于信息科学，通过对大数据技术中的信息获取、储存、传递、处理等各方面的具体技术进行创新发展，也要求将大数据技术与企业管理手段结合起来，从企业经营管理的角度研究分析现代化企业在生产经营管理活动中大数据技术的参与度及其可能带来的影响。在一些需要处理和应用到大量数据的信息部门，企业一方面要着力提高大数据技术的应用水平，另一方面要及时引进跨学科人才，充分发挥多学科与交叉性学科在本部门中的参与度。

3. 以用户为本的大数据技术发展趋势

任何技术的使用主体归根结底都是用户，虽然在大数据技术支撑的网络信息环境下，信息数据的及时流通与整合能够满足人类生产生活的所有信息需求，能够为人的科学决策提供有效指导。但大数据技术终究无法代替人脑，这就要求大数据技术在发展过程中坚持以用户为本的基本原则，以应用为导向，重视用户的需求，将人的生产活动与网络大数据虚拟关系结合起来，在密切人与人之间的交流的同时，充分发挥每一个独立个体的个性和特长。

大数据被认为是"未来的新石油"，在社会生产、流通、分配、消费活动以及经济运行机制等方面发挥着重要的作用。近年来在国家政策支持和各方面的努力下，我国大数据产业循序发展，应用不断深化，大数据已经成为当今经济社会领域备受关注的热点之一，全球新一代信息技术产业发展正处于加速变革期，国内市场应用需求处于爆发期，我国大数据产业迎来了重要的发展时刻。

二、大数据推动信息产业创新

美国社会思想家托夫勒在《第三次浪潮》中提出，"如果说 IBM 的主机拉开了信息化革命的大幕，那么大数据才是第三次浪潮的华彩乐章"。大数据将为信息产业带来新的增长点。面对爆发式增长的海量数据，基于传统架构的信息系统已难以应对，同时传统商业智能系统和数据分析软件面对以视频、图片、文字等非结构化数据为主的大数据时，也缺少有效的分析工具和方法，信息系统普遍面临升级换代的迫切需求，为信息产业带来新的、更为广阔的增长点。

预计到 2020 年全球将总共拥有 80 ZB 的数据量，与 2011 年相比，增长近 20 倍，产业规模高增速说明大数据的发展前景广阔。从实际看，作为第一家专注于大数据领域的上市企业，Splunk 凭借大数据监测和分析业务，从 2014 年开始，营业收入连续 4 年实现 80%以上的高速增长。

赛迪智库权威专家表示，大数据将加速信息技术产品的创新融合发展。面向大数据市场的新产品、新技术、新服务、新业态正在不断涌现。大数据面临着有效存储、实时分析等挑战，必将对芯片、存储产业产生重要影响，推动一体化数据存储处理服务器、内存计算等产品的升级创新。对数据快速处理和分析的需求，将推动商业智能、数据挖掘等软件在企业级的信息系统中得到融合应用，成为业务创新的重要手段。同时，物联网、移动互联网的迅速发展，使数据产生速度加快、规模加大，迫切需要运用大数据手段进行分析处理，提炼其中的有效信息。大数据应用也给云计算带来落地的途径，使得基于云计算的业务创新和服务创新成为现实。而以上领域为切入点，大数据将推动整个信息产业的创新发展。

三、大数据市场规模预测分析

随着互联网和智能硬件的快速普及，数据以爆炸方式增长，数据量已经从 TB 级别跃升到 PB 级别乃至 ZB 级别，全球数据总量增长率将维持在 50%左右。

据前瞻产业研究院发布的《大数据产业发展前景与投资分析报告》数据，2016年，全球大数据产业市场规模为 1403 亿美元，预计到 2020 年将达到 10 270 亿美元，2014~2020 年 CAGR 高达 49%；2016 年，我国大数据产业市场规模为 2485 亿元，预计到 2020 年将达到 13 626 亿元，2014~2020 年 CAGR 高达 53%。

2018 年全球大数据市场中，行业解决方案、计算分析服务、存储服务、数据库服务和大数据应用为市场份额排名最靠前的细分市场，分别占据 35.40%、17.30%、14.70%、12.50%和 7.90%的市场份额。

随着数据的大量积累以及分析手段的提升，金融、医疗、制造业、物流、交通等领域也将开始借助大数据的力量实现转型升级。此外，汽车、教育、游戏、旅游等行业也将会在大数据的促进下，产生新的商业模式，并因此保持发展活力。

第二节　中国大数据产业发展趋势

一、大数据市场发展趋势

在全球经济、技术一体化的今天，中国 IT 行业已经开启大数据的起航之旅，大数据已成为驱动经济发展的新引擎，大数据应用范围和应用水平将加速我国经济结构调整、深度改变我们的生产生活方式。

（1）大数据基础设施建设持续增长。基础设施是大数据产业高速发展的前提和保障。我国加快推进"宽带中国"战略，可加快下一代互联网、5G 通信网络、公共无线网络、电子政务网和物联网等网络基础设施的建设。

（2）大数据开放共享进度加快。大数据时代，国家竞争力将部分体现为一国拥有数据的规模、活性以及该国解释、运用数据的能力，而国家数据主权体现了对数据的占用和控制。因此，大数据时代，数据主权成为国家与另一个大国博弈的空间。

（3）政府大数据深入应用。各级政府机关在日常管理中累积了大量的数据，但未对这些数据的价值进行充分挖掘，在未来多种数据的融合过程中，政府应用场景将更加丰富，数据挖掘和分析的结果对管理决策的辅助作用将逐步显现。

（4）大数据相关立法加快。目前，我国暂无关于个人数据信息保护的专门法律，且大数据产业的行业力量、行业组织不够强大，企业自律难以实现，政府的调控和保护能力不够强。未来将通过建立个人信息和隐私保护制度，为公众创造一个良好的信息和隐私安全环境。

（5）大数据与传统产业深度融合。大数据与信息、生物、高端制造、新能源等领域的深度融合和创新应用，将带动农业、制造业、服务业等传统产业转型升级。

二、大数据技术发展趋势

1. 数据分析成为核心

目前大部分企业所分析的数据量一般以 TB 为单位，按照目前数据的发展速度，很快将会进入 PB 时代，随着数据分析集的扩大，以前部门层级的数据集市将不能满足大数据分析的需求，它们将成为企业级数据库的一个子集。随着时代的发展，数据分析会逐渐成为大数据技术的核心，大数据的价值体现在对大规模数据集合的智能处理方面，进而在大规模的数据中获取有用的信息。要想逐步实现这个功能，就必须对数据进行分析和挖掘。而数据的采集、存储和管理都是数据分析步骤的基础，通过进行数据分析得到的结果，将应用于大数据相关的各个领域。未来大数据技术的进一步发展，与数据分析技术是密切相关的。

传统分析数据库可以正常持续，但是会有一些变化。一方面，数据集市和操作性数据存储（operational data store，ODS）的数量会减少；另一方面，传统的数据库厂商会提升它们产品的数据容量、细目数据和数据类型，以满足大数据分析的需要。因此，企业内的数据分析将从部门级过渡到企业级，从面向部门需求转向面向企业需求，从而也必将获得比部门视角更大的益处。随着政府和行业数据的开放，更多的外部数据将进入企业级数据仓库，使得数据仓库规模更大，数据的价值也更大。

2. 云数据分析平台将更趋完善

企业越来越希望能将自己的各类应用程序及基础设施转移到云平台上。就像其他 IT 系统那样，大数据的分析工具和数据库也将走向云计算。

首先，云计算为大数据提供了可以弹性扩展、相对便宜的存储空间和计算资源，使得中小企业也可以像亚马逊一样通过云计算来完成大数据分析。其次，云计算 IT 资源庞大、分布较为广泛，是异构系统较多的企业及时准确处理数据的有力方式，甚至是唯一的方式。当然，大数据要走向云计算，还有赖于数据通信带宽的提高和云资源池的建设，需要确保原始数据能迁移到云环境，以及资源池可以随需弹性扩展。

3. 实时性数据处理成为重点

在现如今人们的生活中，人们获取信息的速度较快，为了更好地满足人们的需求，大数据处理系统的处理方式也需要不断地与时俱进。目前大数据的处理系统采用的主要是批量化的处理方式，这种数据处理方式有一定的局限性，主要是用于数据报告的频率不需要达到分钟级别的场合。而对于要求比较高的场合，这种数据处理方式就达不到要求。传统的数据仓库系统、链路挖掘等应用对数据处理的时间往往以小时或者天为单位，这与大数据自身的发展有点不相适应，大数据突出强调数据的实时性，因而对数据处理也要体现出实时性。如在线个性化推荐、股票交易处理、实时路况信息等数据处理时间要求在分钟甚至秒级，要求极高。在一些大数据的应用场合，人们需要及时对获取的信息进行处理并进行适当的舍弃，否则很容易造成空间的不足。在未来的发展过程中，实时性的数据处理方式将会成为主流，不断推动大数据技术的发展和进步。

4. 开源软件的发展将会成为推动大数据技术发展的新动力

开源软件是在大数据技术发展的过程中不断研发出来的。这些开源软件对各个领域的发展、人们的日常生活具有十分重要的作用。开源软件的发展可以适当地促进商业软件的发展，以此作为推动力，从而更好地服务于应用程序开发工具、应用、服务等各个不同的领域。虽然现如今商业化的软件也发展得十分迅速，但是二者之间并不会产生矛盾，可以优势互补，从而共同进步。开源软件自身在发展的同时，为大数据技术的发展贡献力量。

5. 技术趋向多样化

目前，大数据相关的技术和工具非常多，给企业提供了很多的选择。在未来，还会继续出现新的技术和工具，如 Hadoop 分发、下一代数据仓库等，这也是大数据领域的创新热点。

第三节　中国大数据商业智能升级

商业智能，又称商业智慧或商务智能，指用现代数据仓库技术、线上分析处理技术、数据挖掘和数据展现技术进行数据分析以实现商业价值。商业智能作为一个工具，是用来处理企业中现有数据，并将其转换成知识、分析和结论，辅助决策者做出正确且明智的决定。它是帮助企业更好地利用数据提高决策质量的技术，包含从数据仓库到分析型系统等。可以认为，商业智能是对商业信息的收集、管理和分析过程，目的是使企业的各级决策者获得知识或洞察力（insight），促使他们做出对企业更有利的决策。

一、商业智能的发展趋势分析

从全球范围来看，商业智能领域已经成为最具增长潜力的领域。从国内来看，商业智能越来越被广泛应用，逐步在大企业普及，也就是说商业智能不仅限于高层管理者的决策之用，也日益成为普通员工日常操作的工具。随着应用的不断深入，市场需求对商业智能也提出了新的挑战，具体来说，商业智能未来的发展将集中于以下几点。

1. BI 应用云端化

云端是一款采用应用程序虚拟化技术（application virtualization）的软件平台，融软件搜索、下载、使用、管理、备份等多种功能为一体，通过该平台，各类常用软件都能够在独立的虚拟化环境中被封装起来，从而使应用软件不会与系统产生耦合，达到绿色使用软件的目的。商业智能的基础就是业务系统，随着国内 SaaS 企业逐步成熟，商业智能业务系统也逐步云端化。

2. 从传统功能向增强型功能转变

人们不再单纯地关注工具本身能够实现什么样的可视化效果，而更加注重如何利用工具进行行业价值的实现，需要更多行业咨询和业务指导。增强型的商业智能功能是相对于早期的用 SQL 工具实现查询的商业智能功能而言的，而数据挖掘、企业建模是商业智能系统应该加强的应用，以更好地提高系统性能。

3. 功能上具有可配置性、灵活性、可变化性

商业智能系统的范围从为部门的特定用户服务扩展到为整个企业所有用户服务，同时，由于企业用户在职权、需求上的差异，商业智能系统提供广泛的、具有针对性的功能，从简单的数据获取，到利用 Web 和局域网、广域网进行丰富的交互、决策信息和知识的分析与使用。解决方案更开放、可扩展、可按用户定制，在保证核心技术的同时，提供客户化的界面。

4. 从单独的商业智能向嵌入式商业智能发展

这是商业智能应用的一大趋势，即在企业现有的应用系统中，如财务、人力、销售等系统中嵌入商业智能组件，使普遍意义上的事务处理系统具有商业智能的特性。例如将 OLAP 技术应用到某一个应用系统。

二、大数据时代商业智能升级

大数据可改变商业智能的布局，并为企业提供一种有价值的数据源。应遵行以下的步骤才能成功地将大数据融合在他们的商业智能程序中。

1. 找到合适的项目

可以说最重要的一步是确定在合适的项目上测试大数据。需要解决的必须是一种商业问题，而不是一种技术问题。确保项目能带来直接利益或好处，而这些在现有的基础设施上是无法实现的。那样 CIO 就能赢得主管的支持。

2. 获得主管的支持

大数据是对 CIO 在数据仓库技术中现有投资的补充。主管的支持将基于对以证据为基础的策略价值的接受（如他们可能已经广泛地在企业内部使用数据仓库和数据挖掘）。

3. 找到合适的人

CIO 会需要有非常特殊技能的人：那些能处理大型、分布式数据集和与之相关的硬件的人；一些让所有的数据有意义并能把它们放入商业内容的人。要把数据科学家想成和现有的数据分析师与数据挖掘师不一样的人。

4. 接受开源

大数据意味着对工具集不一样的思考并很快能适应开源。传统的供应商不一定能解决这方面的问题，大多数大数据工具都是开源的。在这个市场上的创新团体是由谷歌、雅虎、苹果和 Facebook 这样的公司中最聪明的人组成的。

5. 不要从零开始

最广为接受的大数据工具是 Hadoop，它是一种可以从 Cloudera 或 EMC 获得的开源技术。Hadoop 旨在缓解在数据上执行规模化批处理的复杂性，并在 Apache 的项目框架内进行管理；它能提供 CIO 需要的基本工具。主要的商业智能供应商都宣布对大数据技术的支持，或在解决方案中使用大数据技术。

6. 对架构和硬件的改变做好准备

数据海洋中的大数据不仅要对大规模信息进行分析，而且也成为数据仓库的一种数据来源，这会减少对少数大型机器的依赖和增加大量的通用硬件与云资源。

7. 购买设施从少量标准部件起

设施即服务（IaaS）供应商们和云资源为所需的企业提供大量的最新、及时的基础设施。安全的忧患往往是个阻力，但是可以克服。

8. 找到一种未使用的数据源

例如，看一看从自己的公司网站上收集的数据。它可以给 CIO 提供网页的受欢迎程度、一天中对网站访问的集中的时间和自己的客户使用的是哪一个网络服务提供商（internet service provider，ISP）这样一些信息。挖掘这些信息用于市场和销售的潜能开发。

9. 考虑可视化

想一想呈现数据的新方式。由于数据容量的原因，表格或图形的使用对一些大数据分析根本没有意义。Edward Tufte 和 Stephen Few 在这方面是卓越的作者。

10. 管理期望值

大数据有益于大型分析以及确定长期的战略方向。随着数据爆炸式增长，传统的商业智能无法处理日益复杂的数据，商业智能将扩展至商业分析（business analysis，BA）。有时公司一线员工在实施高层指令过程中，理解高管层策略的时候会有偏差，在方案和实施之间存在鸿沟。如果高管层和员工之间要获得很好的沟通，就需要商业分析的帮助。商业分析是针对数据准确的、一致的分析，其包括六大支柱，即商务智能，企业信息管理（enterprise information management，EIM），数据仓库（data warehouse，DW），企业治理、风险管理和合规（governance risk and compliance，GRC），企业绩效管理（enterprise performance management，EPM），分析应用（analysis and application，AA）。对于商业分析的六大环节，商业智能事实上仅仅提供一个界面，CIO 在商业智能上能够看到仪表盘和报表，这只是数据的输入或者输出环节而已。在商业分析中，EIM 起到了非常重要的作用，如社交媒体或传感器产生了大量的非结构化数据，EIM 技术可以对这些数据结构化并进行分析，通过 EIM，可以把非结构的、没有意义的数据转化为有意义的数据。

第四节　大数据带来的变革

一、大数据推动营销模式变革

21 世纪是信息时代、数字时代，在这样的社会环境下，每个消费者获得的信息量超越了以往历史上任何时候。消费者通过不同渠道获知产品或者品牌的信息，他们变得更加独立，不再盲目相信传统营销"轰炸式"的传播和灌输，消费者越来越倾向于把自己的意见在网上进行表述。在这种信息时代的背景下，传统形式的营销模式传播已经跟不上时代的发展，对于市场营销而言，大数据为营销人员确定营销策略、量化营销效果以及进行精准营销提供了有力的技术支持。大数据技术将从各个层面改变传统的市场营销，推进市场营销全新时代的到来。

《哈佛商业评论》曾有一篇文章犀利直白地道出传统营销已死，文章中提及的广告宣传、品牌管理、公共关系以及企业传媒在内的传统营销手段已经失败。在以前，很多企业家都会认为，中国市场消费潜力巨大，中国拥有 13 多亿人，即使一个人消费 1 块钱，那么对于企业来说也是一个巨大的市场。可如今，人们逐渐清晰而深刻地认识到，中国消费者差异巨大，13 多亿消费者因为不同的收入、地域、文化以及生活方式等的差异而千变万化。这样带来的结果便是，企业营销部门制订的营销策略很难满足消费者的多变要求，企业营销工具和管理技术也相当缺乏。科技日新月异，社交媒体环境的日益发展和壮大，数字时代的滚滚浪潮将人们关注的焦点渐渐推向大数据。

在大数据时代还没有来临之前，人们利用的传统营销手段主要包括一些结构化的数据，如客户关系管理系统中的客户信息、消费数据等，这些数据提供的是消费者某一方面非常有限的信息，远不足以给用户做出精准画像。现在，另外一批信息数据正逐渐占据大众的视野，包括网站登录数据、网上消费数据、地理位置数据、邮件通信数据、社交媒体数据等，这些非结构化数据更多地以文字、视频或者图片的方式出现，而且层出不穷，若将这些非结构化数据与传统结构化数据进行对接和融合，并且能够保持实时更新，那么营销的策略和方式将会发生巨大的变化，人们将迎来大数据时代营销模式的一场巨大的变革。在碎片化的网络世界，营销者需要挖掘表面上碎片化群体背后共同的规律，找到那些因兴趣或者共同的需求而重新聚集起来的东西，如果能捕捉到这种注意力，就会找到新的集中点。大数据用在市场营销具有下列其他营销方式不具备的优势。

1. 数据采集效率更高

在传统的社会行为研究中，研究通常是采用抽样的方法进行，这些数据通过问卷、调查等方式，获得部分样本去推断整体样本的数据，显然这种方式容易产生比较大的误差从而导致数据的失真。然而在大数据时代下，采集数据速度变得更快，同时采集成本变得更低廉，对消费者进行实时的检测或者追踪变成一种常态，这种常态带来的数据更加准确和全面。

2. 消费者描述更完整

随着时代的变化，消费者的生活习惯已经发生很大变化，如以前从商场购买衣服、生活用品，现在却大部分从网上购买。与此同时，消费者也越来越喜欢在微信、微博和论坛等社交媒体上讨论产品的性能、个人的喜好以及产品的其他信息，这些积累的数据对于营销者来说是很重要的消费者数据。英国 GSK 公司就已经尝试定位那些谈论过旗下子品牌的人，并且对这些人在公开论坛上所谈到的所有其他内容进行跟踪，再据此建立消费者的整体描述，然后通过营销部门对这些数据进行有效的整合、处理和分析，从而设定更加精准的促销和优惠，吸引更多的潜在消费者来光临产品的销售网站，这无疑对产品的销售起到巨大的促进作用。

3. 消费者细分更精细

消费者细分已经不是一个新的概念，在传统的营销活动中，我们已经开始使用消费者细分这一理念。传统的营销多数是以人口统计学特性来归纳总结目标消费者的，但是诸如消费者的习惯、心理特征、兴趣爱好这样的数据则需要依赖第三方的市场调查公司，同时这些数据也许会与营销者想要的数据存在出入。而借助于大数据技术以及更好的分析工具，营销者可以无限接近，甚至准确地判断每个消费者的属性，从而对消费者细分，真正做到个性化细分。例如，零售商 Williams Sonoma 将它 6000 万的客户数据库与其家庭信息链接在一起，根据这些家庭的收入、孩子数量以及房屋价值等进行消费者精准划分，基于不同消费者群体的选择偏好和行为模式来对其进行电子精准营销与商品推荐。

二、大数据推动企业决策方式变革

决策，指决定的策略或办法，语出《韩非子·孤愤》："智者决策于愚人，贤士程行于不肖，则贤智之士羞而人主之论悖矣。"决策是人们在政治、经济、技术和日常生活中普遍存在的一种行为，决策是管理中经常发生的一种活动，它是为了实现特定的目标，根据客观的可能性，在占有一定信息和经验的基础上，借助一定的工具、技巧和方法，对影响目标实现的诸因素进行分析、计算和判断选优后，对未来行动做出的决定。

近年来，云计算、移动互联网和物联网应用得到很快普及，如智能手表、智能手环、智能眼镜等得到快速发展。这些智能终端、感应器获得的大量视频、音频和文档信息等海量数据正在以很快的速度增长。据相关机构预测，全球数据总量每过两年就会增长一倍，预计 2020 年人类拥有的数据总量将会达到 80 ZB，在这庞大的数据中，很大一部分是非结构化数据，如音视频、图片和网页等，它们具有的特征是传统技术难以处理的。

大数据时代的来临，催生了云计算和高性能计算机的发展，庞大的计算能力为数据分析和数据挖掘提供了强有力的支撑，从而能够为决策提供更全面和准确的信息。传统中，很多决策都是基于领导经验和喜好等特质决定的，这种决策方式诞生了大量"拍脑袋"盲目决定的现象，而依据大数据分析进行决策，能够大幅度减少这种现象的发生。同时，由于云计算的兴起，对大体量数据处理能力提高，人们能够从这些数据中生产出有价值的决策信息。在不远的未来，将会有越来越多的方案是基于大数据而生成的，这些决策方案比传统的决策方案更有效，能够解决一些我们以前解决不了的问题，新的决策方式将会改变以前单纯依靠自身判断力做出决策的领域。

三、大数据带来跨界和颠覆

互联网、移动通信和大数据对传统行业的重构已经成为推动我国经济下一轮快速发展的新引擎。随着新生代消费者的崛起，对产业结构和运营效率的要求越来越高，"跨界”现象正在重塑传统产业格局。

1. 大数据时代，颠覆浪潮席卷传统产业

大数据时代，诞生了大量的信息技术，如云计算、移动互联网、搜索引擎、物联网等。这些新的技术不仅改变了我们的生活方式，同时改变了传统的信息产生、传播、加工利用的方式，尤其是互联网、移动互联网和大数据有望成为中国经济新一轮快速发展的关键推动力。在这些新的技术上，推出了越来越多的基于云服务的软件应用，伴随着大量应用软件的出现，还诞生了大量的数据，因为数据是由大量软件带来的，同时也为软件设计和运营提供了支撑。从本质上，互联网和大数据是对传统产业的价值核心要素的重新分配，是对生产关系的重构。大数据颠覆了传统产业，提升了产业的运营效率，优化了产业结构，21 世纪是大数据时代颠覆浪潮席卷传统产业的时代。

大数据分析技术可以帮助人们发现现实中人们不曾发现的规律，并且根据发现的规律做出预测决策。这种技术将对企业的运营和管理带来巨大的影响，而大数据时代首先给各行业带来的是颠覆传统的改变，使企业管理、构架、实施方式等方面焕然一新。

2. 大数据时代，全新的投资理念和投资机会

随着大数据时代的到来，越来越多的企业将基于大数据资产进行商业模式的创新，甚至跨界涉足其他产业，并对该产业形成巨大的冲击，金融、电信、教育和医疗等行业在未来都将会感受到大数据的力量。随着大数据对传统行业的颠覆，诞生了一些新的投资领域。首先是互联网企业传统产业化，如乐视集团逐步涉足电视制造业、手机制造业；其次是传统产业互联网化，面对互联网企业的跨界颠覆，传统产业将会积极进行变革，加大 IT 投入，进而推动相关 IT 服务企业的增长。直到今天，大数据的价值已经在金融领域逐步得到体现，随着大数据的发展，大数据技术核心之一的数据挖掘分析广度及速度都会大幅度地提升。在互联网金融中，走在前头的阿里金融对传统金融产生了巨大的冲击，特别是在观念上传统金融感受到了巨大危机，阿里金融低廉的信贷征信成本对中国现有的金融机构运营模式产生了巨大的影响。传统的证券公司也在逐渐地改变自己，证券公司建立了客户管理系统，该系统通过对客户交易行为的分析，挖掘其风险偏好，从而进行合理的资产配置推荐。这个管理系统能够为证券公司推广业务带来巨大好处。

大数据时代也给现在社会关系带来了改变，网民和消费者之间的界限变得愈加模糊，企业的疆界也在变得模糊不清，数据已经成为连接各个主体的核心，并对企业的业务模式造成深远的影响，甚至改变企业的结构。可以毫不夸张地说，大数据将给国家的治理模式、企业决策、个人生活方式带来重大影响。如果无法利用大数据进一步贴近消费者、进一步了解消费者、有效地分析客户需求并做出决策，传统企业可能沦落为大数据时代的淘汰者。新一轮的信息化投资与建设热潮已经被大数据引发，大数据时代的到来，要求未来的企业必须兼具传统产业和互联网技术与思想，传统与现代的结合，才能让企业脱颖而出。

第五节　大数据产业相关政策规划

一、《国家中长期科学和技术发展规划纲要（2006－2020年）》

我国科技发展的总体目标是：自主创新能力大幅提升，科技竞争力和国际影响力显著增强，重点领域核心关键技术取得重大突破，为加快经济发展方式转变提供有力支撑。基本建成功能明确、结构合理、良性互动、运行高效的国家创新体系，国家综合创新能力世界排名上升，科技进步贡献率提高，创新型国家建设取得实质性进展。

1. 核心电子器件、高端通用芯片及基础软件产品

以满足国家信息产业发展重大需求的战略性基础产品为重点，突破高端通用芯片和基础软件关键技术，研发自主可控的国产CPU、操作系统和软件平台、新型移动智能终端、高效能嵌入式中央处理器、系统芯片（system-on-a-chip，SOC）和网络化软件，实现产业化和批量应用，初步形成自主核心电子器件产品保障体系。

2. 极大规模集成电路制造装备及成套工艺

重点进行45～22纳米关键制造装备攻关，开发32～22纳米互补金属氧化物半导体（complementary metal oxide semiconductor，CMOS）工艺、90～65纳米特色工艺，开展22～14纳米前瞻性研究，形成65～45纳米装备、材料、工艺配套能力及集成电路制造产业链，进一步缩小与世界先进水平差距，装备和材料占国内市场的份额分别达到10%和20%，开拓国际市场。

3. 新一代宽带无线移动通信网

以时分同步码分多址（TD-SCDMA）后续演进为主线，完成时分同步码分多址长期演进技术（TD-LTE）研发和产业化，开展LTE演进（LTE-Advanced）和5G关键技术研究，提升我国在国际标准制定中的地位。加快突破移动互联网、宽带集群系统、新一代无线局域网和物联网等核心技术，推动产业应用，促进运营服务创新和知识产权创造，增强产业核心竞争力。

二、《国务院关于促进云计算创新发展培育信息产业新业态的意见》

2015年1月底，《国务院关于促进云计算创新发展培育信息产业新业态的意见》（以下简称《意见》）发布。《意见》将提升能力、深化应用作为我国云计算创新发展的主线，并制定了到2017年和2020年两个阶段的发展路线图。

《意见》明确了我国云计算发展的思路。全面推进云计算在国家信息化发展中的深入应用，是充分发挥云计算先进生产力作用、推动信息化与新型工业化、城镇化、农业现代化和国家治理能力现代化融合发展的要义所在，而应用的全面推广必须建立在我国的云计算技术和产业发展基础上。因此《意见》将提升能力、深化应用作为我国云计算创新发展的主线，二者如一体之两翼，技术和产业能力是深化应用的关键基础，应用则

是提升能力的主要驱动力。

同时，云计算的发展是一个系统工程，必须统筹谋划、综合施策。完善的环境是实现云计算创新发展的基本条件，培育骨干企业是满足云计算应用需求和建立国际竞争优势的立足之本，模式创新是释放和发挥云计算优势的重要路径，信息安全是云计算应用和发展的基本要求，基础设施优化布局是云计算应用服务的必备条件，《意见》在提升能力、深化应用的主线上从上述各个方面提出了发展要求。

《意见》还明确了我国云计算的发展目标。由于全球云计算总体仍处于发展初期，我国云计算发展基础较好，国内市场需求较大，因此应加快云计算发展，缩小与国际先进水平的差距。考虑到实施的路径，《意见》制定了两个阶段的发展路线图：第一个阶段是 2017 年，着眼于云计算在重点领域的深化应用，基本健全产业链条，打造安全保障有力，服务创新、技术创新和管理创新协同推进的云计算发展格局；第二个阶段是 2020 年，要使云计算成为我国信息化重要形态和建设网络强国的重要支撑，云计算应用基本普及，云计算服务能力达到国际先进水平，并掌握云计算关键技术，形成若干具有较强国际竞争力的云计算骨干企业。

三、《促进大数据发展行动纲要》

为贯彻落实党中央、国务院决策部署，全面推进中国大数据发展和应用，加快建设数据强国，2015 年 8 月国务院发布《促进大数据发展行动纲要》（以下简称《纲要》）。

《纲要》的总体目标：立足我国国情和现实需要，推动大数据发展和应用。在《纲要》发布后 5~10 年逐步实现以下目标。

打造精准治理、多方协作的社会治理新模式。将大数据作为提升政府治理能力的重要手段，通过高效采集、有效整合、深化应用政府数据和社会数据，提升政府决策和风险防范水平，提高社会治理的精准性和有效性，增强乡村社会治理能力；助力简政放权，支持从事前审批向事中事后监管转变，推动商事制度改革；促进政府监管和社会监督有机结合，有效调动社会力量参与社会治理的积极性。2017 年底前形成跨部门数据资源共享共用格局。

建立运行平稳、安全高效的经济运行新机制。充分运用大数据，不断提升信用、财政、金融、税收、农业、统计、进出口、资源环境、产品质量、企业登记监管等领域数据资源的获取和利用能力。丰富经济统计数据来源，实现对经济运行更为准确的监测、分析、预测、预警，提高决策的针对性、科学性和时效性，提升宏观调控以及产业发展、信用体系、市场监管等方面的管理效能，保障供需平衡，促进经济平稳运行。

构建以人为本、惠及全民的民生服务新体系。围绕服务型政府建设，在公用事业、市政管理、城乡环境、农村生活、健康医疗、减灾救灾、社会救助、养老服务、劳动就业、社会保障、文化教育、交通旅游、质量安全、消费维权、社区服务等领域全面推广大数据应用，利用大数据洞察民生需求，优化资源配置，丰富服务内容，拓展服务渠道，扩大服务范围，提高服务质量，提升城市辐射能力，推动公共服务向基层延伸，缩小城乡、区域差距，促进形成公平普惠、便捷高效的民生服务体系，不断满足人民群众日益增长的个性化、多样化需求。

开启大众创业、万众创新的创新驱动新格局。形成公共数据资源合理适度开放共享的法规制度和政策体系，2018 年底前建成国家政府数据统一开放平台，率先在信用、交通、医疗、卫生、就业、社保、地理、文化、教育、科技、资源、农业、环境、安监、金融、质量、统计、气象、海洋、企业登记监管等重要领域实现公共数据资源合理适度向社会开放，带动社会公众开展大数据增值性、公益性开发和创新应用，充分释放数据红利，激发大众创业、万众创新活力。

培育高端智能、新兴繁荣的产业发展新生态。推动大数据与云计算、物联网、移动互联网等新一代信息技术融合发展，探索大数据与传统产业协同发展的新业态、新模式，促进传统产业转型升级和新兴产业发展，培育新的经济增长点。形成一批满足大数据重大应用需求的产品、系统和解决方案，建立安全可信的大数据技术体系，大数据产品和服务达到国际先进水平，国内市场占有率显著提高。培育一批面向全球的骨干企业和特色鲜明的创新型中小企业。构建形成政产学研用多方联动、协调发展的大数据产业生态体系。

参 考 文 献

迈尔-舍恩伯格 V，库克耶. 2013. 大数据时代. 盛杨燕，闫涛译. 杭州：浙江人民出版社.

谭磊. 2013. New Internet：大数据挖掘. 北京：电子工业出版社.

托夫勒 A. 2006. 第三次浪潮. 黄明坚译. 北京：中信出版社.

文丹枫，贺敏伟. 2011. 大数据前沿技术应用与发展. 广州：广东人民出版社.

薛志东. 2018. 大数据技术基础. 北京：人民邮电出版社.

张克平，陈曙东. 2017. 大数据与智慧社会：数据驱动变革、构建未来世界. 北京：人民邮电出版社.

赵国栋，易欢欢，糜万军. 2013. 大数据时代的历史机遇——产业变革与数据科学. 北京：清华大学出版社.